JN068786

Introduction to **MODulus Arithmetic**

合同式への招待

仁平 政一
Nihei Masakazu

プレアデス出版

まえがき

　「数論は数学の女王である」これは数論の創建者である大数学者ガウスの
言葉です．数論を学ぶには合同式が必要不可欠ですが，合同式自体にも美し
く面白い結果がいくつもあります．例えば，フェルマーの小定理，オイラー
の基準，ガウスの予備定理，補充法則，相互法則などいくつもあげることが
できます．

　ここで合同式の面白さや魅力を知っていただくために本文中の問題を取り
上げてみましょう．

　「4^{100} を 3 で割った余りは」,「ある数を 3 で割ると 1 余り, 5 で割ると 2 余
り, 7 で割ると 3 余る．このとき，105 で割った余りは」これらの問題は合
同式を用いることによって簡単に解くことができます．また，

　「$11^5 x - 2^5 y = 1$ を満たす整数 x, y をすべて求めよ」という問題も合同式
に関するオイラーの定理を用いると迷うことなく見通しよく解くことができ
ます．もちろん答もすべて本文中にあります．

　次に本書の内容について簡単に述べておきましょう．

　第 1 章では高校などで既に学んでいる整数の性質，最大公約数・最小公倍
数の求め方，ユークリッドの互除法，不定方程式の解法などについて復習を
かねて分かりやすく解説．

　第 2 章では合同式の性質，不定方程式を合同方程式を利用して解く方法，
フェルマーの小定理などを具体例を豊富に取り入れて解説．

　第 3 章では原始根・指数について詳しく述べ，合同方程式への応用などを
丁寧に解説．

　第 4 章では平方剰余から出発して，初等整数論の中の輝く宝石と言われて

いる相互法則，さらに合成数の平方剰余までを分かりやすく解説．

　第5章は2次体の整数論への橋渡しを考慮して，ガウス数体を取り上げ，ガウス整数の性質，合同などについて詳しく述べ，さらにガウス整数の性質を用いた「不定方程式 $x^2 + y^2 = a$ の解法」についても詳しく解説．

　不定方程式や合同方程式などに関する手ごろな問題を多く用意してありますので，挑戦し解く喜びを通して合同式の持つ面白さや魅力を知っていただけるなら筆者の喜びとするところです．

2023 年 8 月吉日

目次

整数の基本性質とユークリッドの互除法

　この章では，高校などですでに馴染み深い整数に関する性質，ユークリッドの互除法，1 次不定方程式の解法などをできる限りやさしく分かりやすく解説します．

1.1　約数・倍数，最大公約数・最小公倍数，素数

　最も基本的で親しみやすい数は**自然数**すなわち

$$1, 2, 3, \ldots$$

という数の集合でしょう．この自然数の集合を $\mathbb{N}$ で表します．すなわち

$$\mathbb{N} = \{1, 2, 3, \ldots\}$$

と書きます．

　また，自然数 $1, 2, 3, \ldots$ に，0 と $-1, -2, -3 \ldots$ とを合わせた数の集合は**整数**と呼ばれていることは周知の通りです．この集合を $\mathbb{Z}$ で表します．さらに，$a, b \in \mathbb{Z}$ で $\dfrac{b}{a}$ $(a \neq 0)$ の形の数を**有理数**と言い，有理数全体の集合を $\mathbb{Q}$ で表します．すなわち，

$$\mathbb{Q} = \left\{ \frac{b}{a} \mid a, b \in \mathbb{Z}, a \neq 0 \right\}$$

と書きます．

　整数の集合 $\mathbb{Z}$ の元 a, b に対して，

$$a \pm b \in \mathbb{Z}, \quad a \times b \in \mathbb{Z}$$

ですが，$\dfrac{b}{a}\ (a \neq 0)$ は，例えば $\dfrac{1}{2} \notin \mathbb{Z}$ なので，必ずしも $\mathbb{Z}$ の元とは限りません．これに対して，有理数全体の集合 $\mathbb{Q}$ の中では四則演算（$+$, $-$, $\times$, $\div$）が自由にできます．

　数の種類の説明はこのぐらいにして，整数の性質のなかで最も基本的で重要なものの一つである除法に関する定理から述べましょう．

定理 1.1 (除法の定理)

　a は任意の整数で，b は 0 でない整数とすれば

$$a = bq + r \quad (0 \leq r < |b|)$$

を満たす整数 q, r がただ 1 組存在する．

　定理 1.1 における q, r をそれぞれ a を b で割ったときの**商**，**剰余**（あるいは**余り**）と言い，剰余が 0 のとき，すなわち $a = bq$ のとき，a は b で**割り切れる**あるいは a は b の**倍数**，b を a の**約数**と言います．a が b で割り切れることを記号 $b \mid a$ で表し，割り切れないときは $b \nmid a$ で表します．例えば，

$$2 \mid 6, \quad 5 \nmid 6$$

のように表します．

　$a = bq$ のとき，$a = (-b)(-q)$ ですから，b が a の約数なら $-b$ も a の約数となります．また ± 1 はすべての整数の約数です．例えば，10 の約数は

$$\pm 1, \ \pm 2, \ \pm 5, \ \pm 10$$

となります．

　なお，2 の倍数を**偶数**，2 の倍数でない整数を**奇数**と言います．例えば，負でない整数の集合 $\mathbb{N}$ においては偶数と奇数は一つ置きに並んでいます；

$$偶数：0, 2, 4, 6, \cdots$$
$$奇数：1, 3, 5, 7, \cdots$$

　ここで，念のため定理 1.1 に対する具体例をあげておきましょう．

─── 例 1.1───

−7 を 3 で割ったときの商と余りを求めよ.

解. $-7 = 3 \times (-3) + 2$ より,商は -3,余りは 2.

問 1.1 定理 1.1 を証明せよ.

最小公倍数,最大公約数,素数,素因数分解などの用語についても復習しておきましょう.

2 つ以上の整数 a_1, a_2, $\cdots$, a_n に共通な倍数をそれらの整数の**公倍数**と言い,**正の公倍数**の集合の中で最も小さいものを**最小公倍数**と言い $\mathrm{lcm}(a_1, a_2, \cdots, a_n)$ あるいは $\{a_1, a_2, \cdots, a_n\}$ で表します.

2 つ以上の整数 a_1, a_2, $\cdots$, a_n に共通な約数を**公約数**と言い,**正の公約数**のうち最大なものを**最大公約数**と呼び $\gcd(a_1, a_2, \cdots, a_n)$ あるいは単に $(a_1, a_2, \cdots, a_n)$ と表します.記述の簡略化を考慮して後者の記号を用いることにします.

例えば 2 つの整数の組 72,90 に対して,

$$72 = 2^3 \cdot 3^2, \qquad 90 = 2 \cdot 3^2 \cdot 5$$

ですから,

$$\{72, 90\} = 2^3 \cdot 3^2 \cdot 5 = 360, \qquad (72, 90) = 2 \cdot 3^2 = 18$$

となります.

これらは $72 = 2^3 \cdot 3^2$,$90 = 2 \cdot 3^2 \cdot 5$ から次のようにして求めることができます.

$$
\begin{array}{r|rr}
2 & 72 & 90 \\
\hline
3 & 36 & 45 \\
\hline
3 & 12 & 15 \\
\hline
 & 4 & 5
\end{array}
$$

よって，

$$(72, 90) = 2 \cdot 3 \cdot 3 = 18 \quad （上記の図式の左側の縦の数字），$$

$$\{72, 90\} = 2 \cdot 3 \cdot 3 \cdot 4 \cdot 5 = 360 \quad （左側の数字と最下段の数字）$$

少し説明を加えておきましょう．

　上記の図の最上段の左側の 2 は $72 = 2^3 \cdot 3^2$ と $90 = 2 \cdot 3^2 \cdot 5$ の共通の 2 になります．2 段目の 36 と 45 は 72 と 90 を 2 で割った数字になります．また $(4, 5) = 1$ なので $2 \cdot 3 \cdot 3$ が最大公約数になります．

　数字が 3 個の場合も同様にして求めることができますが，最大公約数の場合は最下段の 3 つの数字の最大公約数が 1 で，最小公倍数の場合は最下段の 3 つの数字が互いに素となることが必要になります．実際に具体例で示しましょう．なお，「互いに素である」については 8 ページを参照して下さい．

───── 例 1.2 ─────

　次の最大公約数と最小公倍数を求めよ．
(1)　$(6, 15, 45)$,　　$\{6, 15, 45\}$
(2)　$(792, 1062, 162)$,　　$\{792, 1062, 162\}$

解.

(1)

$$
\begin{array}{r|rrr}
3 & 6 & 15 & 45 \\
\hline
 & 2 & 5 & 15
\end{array}
\qquad
\begin{array}{r|rrr}
3 & 6 & 15 & 45 \\
3 & 2 & 5 & 15 \\
5 & 2 & 5 & 5 \\
\hline
 & 2 & 1 & 1
\end{array}
$$

$(2, 5, 15) = 1$ なので，$(6, 15, 45) = 3$.

　2, 1, 1 の 3 個の数字は互いに素であるから，

$$\{6, 15, 45\} = 3 \times 3 \times 5 \times 2 \times 1 \times 1 = 90.$$

(2)

$$
\begin{array}{r|rrr}
2 & 792 & 1062 & 162 \\
\hline
3 & 396 & 531 & 81 \\
\hline
3 & 132 & 177 & 27 \\
\hline
& 44 & 59 & 9
\end{array}
$$

最下段の 3 つの数字の最大公約数は 1 でかつ互いに素であるから

$$(792,\ 1062,\ 162) = 2 \cdot 3 \cdot 3 = 18,$$

$$\{792,\ 1062,\ 162\} = 2 \cdot 3 \cdot 3 \cdot 44 \cdot 59 \cdot 9 = 420552.$$

ここで，念のため最大公約数，最小公倍数の性質についてまとめておきましょう．

定理 1.2

(1) $a, b, c, \cdots$ の任意の公倍数 m はそれらの最小公倍数 l の倍数である．

(2) $a, b, c, \cdots$ の任意の公約数 d はそれらの最大公約数 g の約数である．

(3) 正の整数 a, b に対して $\{a, b\} \cdot (a, b) = ab$.

証明

(1) $l > 0$ であるから，$m = lq + r\ (0 \le r < l)$ のような整数 q と r が定まる．これより，$r = m - lq$ で m も l も $a, b, c, \cdots$ の公倍数であるから，r も $a, b, c, \cdots$ の公倍数である．l の最小性と $0 \le r < l$ とにより $r = 0$. よって，$l \mid m$.

(2) $d \mid g$ を言うには，$\{d, g\} = g$ を言えばよい．そこで $\{d, g\} = l$ とおけば，$d \mid a,\ g \mid a$ より，(1) から $l \mid a$. 同様にして，$l \mid b,\ l \mid c,\ \cdots$ も言えるから l は $a, b, c, \cdots$ の公約数になる．ところが，g は $a, b, c, \cdots$ の最大公約数であるから

$$l \le g. \tag{①}$$

一方，$\{d, g\} = l$ であるから

$$g \le l \tag{②}$$

よって，① と ② から $g = l$. したがって，$\{d, g\} = g$ から，$d \mid g$.

(3) $(a, b) = g$, $\{a, b\} = l$ とおく. このとき, $gl = ab$ を示せばよい.

$g \mid a$, $g \mid b$ だから $a = ga'$, $b = gb'$ とおけば $(a', b') = 1$ である. そこで, $ga'b' = m$ とおけば

$$m = (ga')\, b' = ab', \quad m = a'\, (gb') = a'b \qquad ③$$

であるから m は a, b の公倍数である. したがって, (1) より, $l \mid m$. さらに, $m = ln$ とおけば③ より

$$ln = ab', \quad ln = a'b. \qquad ④$$

ところで, $\{a, b\} = l$ であるから, $l = aa''$, $l = bb''$ となる自然数 a'', b'' が存在する. これを④ に代入すれば

$$aa''n = ab', \quad bb''n = a'b$$

となるから

$$a''n = b', \quad b''n = a'. \qquad ⑤$$

$(a', b') = 1$ であるから, ⑤より $n = 1$ でなくてはならない.

$m = ln$ とおいたので $m = l$ となる. よって, $ga'b' = l$. この式よりただちに $ga'\, gb' = gl$ が得られ, これは求める結果 $ab = gl$ である.

□

上記の定理の (3) により, a, b の最小公倍数（最大公約数）がわかれば最大公約数（最小公倍数）を求めることができることがわかります.

例えば, $(72, 240) = 24$ なので

$$\{72, 240\} = \frac{72 \times 240}{24} = 720$$

と求めることができます.

次の定理は最大公約数を求めるのに便利な方法の一つです.

定理 1.3

$$(a_1, a_2, a_3, \cdots, a_n) = (a_1, a_2 - qa_1, a_3, \cdots, a_n),$$

ここに, q は任意の整数.

証明

$a_1, a_2 - qa_1, a_3, \cdots, a_n$ は $(a_1, a_2, a_3, \cdots, a_n)$ の 倍 数 で あ る か ら, $(a_1, a_2, a_3, \cdots, a_n)$ は $a_1, a_2 - qa_1, a_3, \cdots, a_n$ の正の公約数である. よって,

$$(a_1, a_2, a_3, \cdots, a_n) \leq (a_1, a_2 - qa_1, a_3, \cdots, a_n). \qquad ①$$

と こ ろ で, $a_2 = (a_2 - qa_1) + qa_1$ で あ る か ら $a_1, a_2, a_3, \cdots, a_n$ は $(a_1, a_2 - qa_1, a_3, \cdots, a_n)$ の倍数である. よって, $(a_1, a_2 - qa_1, a_3, \cdots, a_n)$ は $a_1, a_2, a_3, \cdots, a_n$ の正の公約数であるから

$$(a_1, a_2 - qa_1, a_3, \cdots, a_n) \leq (a_1, a_2, a_3, \cdots, a_n). \qquad ②$$

したがって, ① と ② から求める結果を得る.

$\square$

例をあげておきましょう.

━━━ 例 1.3 ━━━

$(36, 120, 180)$ を求めよ.

解.
$$(36, 120, 180) = (36, 120 - 3 \times 36, 180)$$
$$= (36, 12, 180)$$
$$= (3 \times 12, 12, 15 \times 12) = 12.$$

問 1.2

(1) $(527, 465)$ と $\{527, 465\}$ を求めよ.

(2) $(2108, 3720, 2046)$ を求めよ.

> **問 1.3**　最大公約数が 12, 最小公倍数が 216 である 2 つの自然数 m, n の組をすべて求めよ. ただし, $m < n$ とする.

0 でない 2 つの整数 $a,\ b$ について, $(a, b) = 1$ のとき, a は b に**素である**あるいは a と b は**互いに素である**と言います.

0 でない整数 a は 1, -1, a, $-a$ を約数にもちます. これらを**自明な約数**と言い, 自明でない約数を**真の約数**と言います.

例えば, 4 の自明な約数は 1, -1, 4, -4 で真の約数は 2, -2 となります.

1 以外の正の整数であって真の約数をもたないものを**素数**と言います. 例えば, $2, 3, 5, 7, 11$ は素数で, 1 から 100 までの間に素数は 25 個あります. 3 以上の素数はすべて奇数なので**奇素数**と呼ばれています.

1 以外の正の整数であって素数でないものを**合成数**と言います. 例えば, $4, 6, 8, 9, 10$ などがそうです.

整数 a の約数と言う代わりに a の**因数**とも言い, 特に素数である約数を**素因数**と言います.

さて, $2, 3, 5$ などはそれら自身が素因数であり, $6 = 2 \times 3$ なので 2 と 3 が 6 の素因数となります. 自然数は素因数を常にもつように思われますが, すべての自然数についてそのことが言えきれますかという疑問に対しての答えが次の定理です. その証明は面白いです.

> **定理 1.4**
> 　1 より大きい任意の自然数は必ず少なくとも 1 つの素因数をもつ.

証明

任意の自然数を N とする. N が素数ならばそれ自身をとればよい. N が合成数ならば, $N = a \times b$ と書くことができ, $1 < a < N$ であり, a が素数ならば定理は証明された.

a が合成数ならば, また $a = a_1 \times b_1$ と書くことができ, $1 < a_1 < a < N$ である. a_1 が素数ならば再び定理は証明された.

a_1 が合成数ならば，$a_1 = a_2 \times b_2$ と書くことができ，

$$1 < a_2 < a_1 < a < N$$

であるから，この操作を繰り返せば a_k は単調に減少し，しかも 1 でない整数であるから有限回で必ず素数になる．以上で定理は証明された．　　□

1 でない正の整数 (自然数) は有限個の素数の積で表すことができます．例えば，

$$12 = 2 \cdot 2 \cdot 3 = 2 \cdot 3 \cdot 2 = 3 \cdot 2 \cdot 2.$$

このように素数の積で表すことを**素因数に分解する**あるいは**素因数分解する**と言います．

上記のような分解に対して「順序を無視すればその分解の仕方は一通りである」というよく知られている基本的で重要な結果を定理としてきちんと述べましょう．まず，その証明に必要とする事実を補題として述べます．それはごく当たり前と思われる内容です．

補題 1.5

　自然数 a, b の積 ab が素数 p で割り切れるならば a か b か少なくとも一方は p で割り切れる．

証明

$p \nmid a$ としたとき，$p \mid b$ であることを示せばよい．

$p \nmid a$ とすると，p は素数であるから $(a, p) = 1$．また，定理 1.2(3) より

$$\{a, p\} \cdot (a, p) = ap.$$

$(a, p) = 1$ であるから $\{a, p\} = ap$ となる．$p \mid ab$ であるから，ab は p と b の公倍数である．

ところで，$\{a, p\}$ は a と p の最小公倍数であるから，$\{a, p\} \mid ab$．また，$\{a, p\} = ap$ であるから，$ap \mid ab$．よって，$p \mid b$．

　　□

> **定理 1.6**
> 　1 より大きい自然数は素数の積に分解され，しかも素数因数の順序を無視すれば，その分解の仕方は 1 通りである．

証明

　最初に素数の積に分解されることを示す．

　自然数 N が素数ならば明らかに定理は成り立つ．N を合成数とすると，定理 1.4 より少なくとも 1 つの素数 p_1 で割り切れるから $N = p_1 N_1$ とおくことができる．N_1 が素数ならば定理は成り立つ．

　N_1 が合成数ならば，N_1 はさらに 1 つの素数 p_2 で割り切れる．この場合 p_1 と p_2 は必ずしも異ならなくてもよい．このときも $N_1 = p_2 N_2$ というような自然数 N_2 が存在する．したがって，$N = p_1 p_2 N_2$.

　以下この操作を続けて行えば $N > N_1 > N_2 \cdots$ だから $N_{n-1} = p_n$ という素数に到達する．したがって，$N = p_1 p_2 \cdots p_n$ のような素数の積に分解されることがわかる．

　次に，この分解が素因数の順序を無視すれば 1 通りであることを示そう．

　N が 2 通りの素因数の積に分解されて

$$N = p_1 p_2 \cdots p_n = q_1 q_2 \cdots q_m$$

とする．このとき，$q_1 \mid N$ であるから $q_1 \mid p_1 p_2 \cdots p_n$．$q_1$ は素数であるから，補題 1.5 より，$p_1, p_2, \cdots, p_n$ のどれかは q_1 で割り切れねばならないが，仮定により q_1 も素数だから $p_1, p_2, \cdots, p_n$ のいずれかと等しくなければならない．それを p_1 とする．したがって，

$$p_2 p_3 \cdots p_n = q_2 q_3 \cdots q_m.$$

となる．同様にして $p_2 = q_2$ とすることができるから

$$p_3 \cdots p_n = q_3 \cdots q_m$$

となり，全く同様にして，$p_3 = q_3, p_4 = q_4, \cdots$ が言え，ついには $n = m$ でなくてはならなくなり，$p_n = q_m$ まで言えて証明は終了する．

$\square$

もし，1 を素数とすると

$$12 = 1 \cdot 2 \cdot 2 \cdot 3 = 1 \cdot 1 \cdot 2 \cdot 2 \cdot 3$$

などとなり素因数分解の一意性が成り立たなくなります．

次に，先に進む前に数論の世界のみならず数学全般にわたって利用される
ガウスの記号について簡単にふれておこう．なお，実数については既知とし
ます．

1.2　ガウスの記号

x を任意の実数とするとき

$$n \leq x < n+1, \quad \text{すなわち}, \quad x-1 < n \leq x$$

を満たす整数 n，すなわち実数 x を超えない最大な整数を $[x]$ で表し，**ガウ
ス（Gauss）の記号**と言います．

例えば，

$$[-3.5] = -4, \qquad [0.5] = 0, \qquad [2] = 2, \qquad \left[-\frac{1}{2}\right] = -1, \qquad \left[\sqrt{3}\right] = 1.$$

任意の整数 a，$b(>0)$ に対して，定理 1.1 より

$$a = bq + r \quad (0 \leq r < b)$$

を満たす整数 q，r が一通りに定まりますから

$$0 \leq \frac{r}{b} = \frac{a}{b} - q < 1$$

となります．このことと，$q = \dfrac{a}{b} - \dfrac{r}{b} \leq \dfrac{a}{b}$ であることに注意すれば

$$\frac{a}{b} - 1 < q \leq \frac{a}{b}$$

が得られるので

$$q = \left[\frac{a}{b}\right]$$

となることがわかります.

また, x が実数のとき, 明らかに

$$[x] \leq x < [x] + 1$$

が成り立ちますから, 任意の整数 a に対して

$$[x] + a \leq x + a < [x] + a + 1$$

が成り立ち, このこととガウスの記号の定義から

$$[x] + a = [x + a]$$

であることがわかります. この等式を使うと

$$\left[\frac{300}{7}\right] = \left[\frac{6}{7} + 42\right] = \left[\frac{6}{7}\right] + 42 = 42$$

のように計算できます.

問 1.4　100 から 300 までのうち 7 の倍数の個数を求めよ.

互いに素な 2 つの自然数に関して次のような面白い結果が知られています.

命題 1.7

p, q が互いに素な自然数とするとき次が成り立つ.

$$\left[\frac{p}{q}\right] + \left[\frac{2p}{q}\right] + \cdots + \left[\frac{(q-1)p}{q}\right] = \frac{(p-1)(q-1)}{2}.$$

例えば, 自然数 3, 7 のとき

$$\left[\frac{3}{7}\right] + \left[\frac{2\cdot3}{7}\right] + \left[\frac{3\cdot3}{7}\right] + \left[\frac{4\cdot3}{7}\right] + \left[\frac{5\cdot3}{7}\right] + \left[\frac{6\cdot3}{7}\right] = \frac{(3-1)(7-1)}{2} = 6.$$

証明

正の数 $r\,(1 \leq r \leq q-1)$ に対して，$\dfrac{r}{q}p = n + \dfrac{p'}{q}\,(0 < p' < q)$ とおけば $\dfrac{p'}{q} < 1$ であるから

$$\left[-\frac{r}{q}p\right] = \left[-n - \frac{p'}{q}\right] = -n - 1 = -\left[\frac{r}{q}p\right] - 1.$$

したがって，

$$\left[\frac{q-r}{q}p\right] = \left[p - \frac{r}{q}p\right] = p + \left[-\frac{r}{q}p\right] = p - \left[\frac{r}{q}p\right] - 1 = (p-1) - \left[\frac{r}{q}p\right].$$

よって，

$$\left[\frac{r}{q}p\right] = (p-1) - \left[\frac{q-r}{q}p\right].$$

ここで，$r = 1, 2, \cdots, q-1$ として辺々を加える．すなわち

$$\left[\frac{p}{q}\right] = (p-1) - \left[\frac{q-1}{q}p\right],$$

$$\left[\frac{2}{q}p\right] = (p-1) - \left[\frac{q-2}{q}p\right],$$

$$\cdots$$

$$\left[\frac{q-2}{q}p\right] = p - 1 - \left[\frac{2}{q}p\right],$$

$$\left[\frac{q-1}{q}p\right] = p - 1 - \left[\frac{p}{q}\right]$$

の辺々を加える．このとき，命題の等式の左辺を T とおくと

$$T = (p-1)(q-1) - T$$

となり，$2T = (p-1)(q-1)$ より求める結果が得られる． $\square$

1.3　ユークリッドの互除法

　次にユークリッド (Euclid) の互除法とそれを用いて最大公約数を求める方法の話をします．そのためには次の定理が必要となります．

定理 1.8

a, b を自然数とする．a を b で割った余りが r のとき

$$(a, b) = (b, r)$$

が成り立つ.

証明

条件より

$$a = bq + r \ (q \in \mathbb{Z}) \tag{①}$$

と書くことができる．① を移項すると

$$r = a - bq. \tag{②}$$

いま，$(a, b) = m,\ (b, r) = n$ とする.

m は a と b の公約数だから，② より m は r の約数である．よって m は b と r の公約数である．n は b と r の最大公約数であるから

$$m \leq n \tag{③}$$

一方，n は b と r の公約数であるから，① より n は a の約数，a と b の最大公約数は m であるから

$$n \leq m. \tag{④}$$

③ と ④ より

$$m = n. \qquad\qquad \square$$

いま，$a_1,\ a_2\ (a_1 > a_2)$ 自然数とします．定理 1.1 から

$$a_1 = a_2 q_1 + a_3, (0 < a_3 < a_2)$$

$$a_2 = a_3 q_2 + a_4, (0 < a_4 < a_3)$$

$$\cdots$$

$$a_{n-1} = a_n q_{n-1} + a_{n+1}, (0 < a_{n+1} < a_n)$$

となります．また，

$$a_2 > a_3 > a_4 > \cdots > a_{n+1} > \cdots$$

ですから，最終的には

$$a_m = a_{m+1} q_m$$

の形になります．このとき，定理 1.8 より a_{m+1} が a_1 と a_2 の最大公約数であることがわかります．

上記のような計算方法は**ユークリッドの互除法**と呼ばれています．

— 例 1.4 —

ユークリッドの互除法を用いて $(2088, 4728)$ を求めよ．

解.

$$4728 = 2088 \times 2 + 552, \qquad 2088 = 552 \times 3 + 432,$$

$$552 = 432 \times 1 + 120, \qquad 432 = 120 \times 3 + 72,$$

$$120 = 72 \times 1 + 48, \qquad 72 = 48 + 24,$$

$$48 = 24 \times 2.$$

よって，$(2088, 4728) = 24$.

問 1.5 ユークリッドの互除法を用いて $(667, 299)$ を求めよ．

1.4 ユークリッドの互除法と 1 次不定方程式

$a(\neq 0)$, $b(\neq 0)$, c は整数の定数とします．x, y の 1 次方程式

$$ax + by = c \quad (*)$$

を成り立たせる整数 x, y の組をこの方程式の**整数解**と言い，この方程式の整数解を求めることを**1 次不定方程式を解く**と言います．

　1 次不定方程式は常に解を持つとは限りません．例えば $2x + 3y = 5$ は $x = 1$, $y = 1$ を解に持ちますが，$2x + 4y = 5$ は解を持ちません．と言うのは，左辺は常に偶数なのに右辺は奇数になっているからです．

　そこで最初に解を持つための条件をユークリッドの互除法を用いて調べてみましょう．

　いま，$a = a_1$, $b = a_2$ とおきユークリッドの互除法を用いて

$$a_1 = a_2 q_1 + a_3, (0 < a_3 < a_2) \qquad ①$$

$$a_2 = a_3 q_2 + a_4, (0 < a_4 < a_3) \qquad ②$$

$$a_3 = a_4 q_3 + a_5, (0 < a_5 < a_4) \qquad ③$$

と続けて行き，最終的に

$$a_{n-1} = a_n q_{n-1} + a_{n+1} \ (0 < a_{n+1} < a_n)$$

$$a_n = a_{n+1} q_n$$

の形になったとします．定理 1.3 から a_{n+1} が a_1 と a_2 すなわち a と b の最大公約数になっています．そこで，$(a, b) = d$ で表すことにします．

　いま，① から $a_3 = a_1 - a_2 q_1$ として，② に代入すると

$$a_2 = (a_1 - a_2 q_1) q_2 + a_4.$$

よって，

$$a_4 = -a_1 q_2 + a_2 (1 + q_1 q_2).$$

この a_4 を ③ の a_3 に代入すると

$$a_5 = a_1 (1 + q_2 q_3) - a_2 (q_1 + q_3 + q_1 q_2 q_3)$$

となります．このようにして逐次代入して行けば

$$a_{n+1} = a_1 x + a_2 y$$

すなわち，$a = a_1$, $b = a_2$ ですから

$$ax + by = a_{n+1}$$

16

の形に書けることがわかります．ここに，x，y はいずれも q_1，q_2，$\cdots$，q_{n-1} で表される整数で，a_{n+1} は a，b の最大公約数 d になります．したがって，次の定理が得られます．

定理 1.9

1 次不定方程式

$$ax + by = d$$

は解を持つ．ここに，$d = (a, b)$．

この定理から，1 次不定方程式が解を持つための必要十分条件が得られます．

定理 1.10

1 次不定方程式

$$ax + by = c \tag{$*$}$$

が整数解を持つための必要十分条件は $d \mid c$ である．

証明

($\Rightarrow$) 整数解 x, y を持つとすれば $d \mid a$，$d \mid b$ なので，$d \mid ax + by$ すなわち $d \mid c$．

($\Leftarrow$) 定理 1.9 より

$$ax' + by' = d$$

という x', y' 解が存在する．条件より $d \mid c$ なので，$c = dc'$ となる $c'(\in \mathbb{Z})$ が存在するから

$$(ax')c' + (by')c' = dc'$$

となり，これは

$$a(x'c') + b(y'c') = c$$

と書ける．このことは ($*$) は $x = x'c'$，$y = y'c'$ という整数解を持つことを示している．これで証明は完了した． □

17

定理 1.10 より，次の系がただちに得られます．

系 1.11

(1)　$ax + by = 1$ が整数解を持つための必要十分条件は $d = 1$ である．

(2)　$ax - by = c$ が整数解を持つための必要十分条件は $d \mid c$ である．

ここで，具体例をあげておきましょう．

───────────── **例 1.5** ─────────────

　$13x + 7y = 3$ の 1 組の整数解を求めよ．

解. $(13, 7) = 1$ であるからこの不定方式は解を持つ．ユークリッドの互除法により

$$13 = 7 \times 1 + 6 \quad (6 = 13 - 7), \qquad ①$$

$$7 = 6 \times 1 + 1 \quad (1 = 7 - 6). \qquad ②$$

ここで，数字 6 に注目して②に①を代入すると

$$1 = 7 - 6 = 7 - (13 - 7) = -13 + 2 \cdot 7$$

より

$$-13 + 2 \cdot 7 = 1$$

を得る．この式を 3 倍すると

$$-3 \cdot 13 + 6 \cdot 7 = 3$$

となる．したがって求める解は

$$(x, y) = (-3, 6).$$

例 1.5 には上記以外にももちろん解があります．例えば

$$(x, y) = (4, -7)$$

も解になります．

そこで，例 1.5 のすべての解を求めることを考えてみましょう．1 つの解は $(x, y) = (-3, 6)$ なので，

$$13(-3) + 7 \cdot 6 = 3 \qquad ③$$

いま，任意の解を x, y とすると

$$13x + 7y = 3 \qquad ④$$

④ − ③ より

$$13(x + 3) + 7(y - 6) = 0$$

すなわち

$$13(x + 3) = -7(y - 6). \qquad ⑤$$

13 と 7 は互いに素であるから，$-7 \mid x + 3$，つまり $x + 3$ は -7 の倍数になります．よって，t を整数として，$x + 3 = -7t$ と表されます．これを ⑤ に代入すると

$$13(-7t) = -7(y - 6) \quad \text{すなわち，} \quad y - 6 = 13t.$$

したがって，求める整数解は

$$x = -3 - 7t, \quad y = 6 + 13t \quad (t \in \mathbb{Z})$$

になります．

上記の求め方とまったく同様にして次が得られます．

定理 1.12

1 次不定方程式

$$ax + by = c \qquad (*)$$

の 1 組の解を $x = x_0,\ y = y_0$ とするとき，t を任意の整数とすれば

$$x = x_0 - \frac{b}{d}t, \quad y = y_0 + \frac{a}{d}t$$

によってすべての整数解が得られる．ここに，$d = (a, b)$.

$\boxed{\text{証明}}$

　1 組の解が $x = x_0,\ y = y_0$ なので

$$ax_0 + by_0 = c. \qquad\qquad ①$$

任意の解を $x,\ y$ とすると

$$ax + by = c. \qquad\qquad ②$$

② から ① を引くと

$$a(x - x_0) + b(y - y_0) = 0. \qquad\qquad ③$$

ここで，$a = a_1 d,\ b = b_1 d$ とおくと，a_1 と b_1 は互いに素．このとき ③ は

$$a_1(x - x_0) = -b_1(y - y_0)$$

となる．a_1 と b_1 は互いに素であるから，$a_1 \mid y - y_0$. ここで，$y - y_0 = a_1 t$ とおくと，

$$x = x_0 - b_1 t, \quad y = y_0 + a_1 t.$$

逆に t を任意の整数とするとき，$x = x_0 - b_1 t,\ y = y_0 + a_1 t$ は明らかに $(*)$ の解である．

$$\square$$

　本節の冒頭で不定方程式のすべての解を求めることをその方程式を**解く**と言いました．そこで，その解を**一般解**と呼ぶことにします．

　上記の定理 1.12 は 1 組の解がわかればただちに一般解（すべての整数解）が求められるという便利な定理です．例をあげておきましょう．

─── 例 1.6 ───

$35x + 48y = 5$ の一般解を求めよ.

解. まず, 解を 1 組見つける.

$$48 = 35 + 13 \quad (13 = 48 - 35), \qquad ①$$

$$35 = 13 \cdot 2 + 9 \quad (9 = 35 - 13 \cdot 2), \qquad ②$$

$$13 = 9 + 4 \quad (4 = 13 - 9), \qquad ③$$

$$9 = 4 \cdot 2 + 1 \quad (1 = 9 - 4 \cdot 2). \qquad ④$$

よって, ④ の式に順次 ③, ②, ① と代入すれば

$$1 = 9 - 4 \cdot 2 = 9 - (13 - 9) \cdot 2$$

$$= -2 \cdot 13 + 3 \cdot 9$$

$$= -2 \cdot 13 + 3 \cdot (35 - 13 \cdot 2)$$

$$= 3 \cdot 35 - 8 \cdot 13$$

$$= 3 \cdot 35 - 8 \cdot (48 - 35)$$

$$= 11 \cdot 35 - 8 \cdot 48$$

となるから,

$$11 \cdot 35 - 8 \cdot 48 = 1$$

を得る. この式を 5 倍すれば

$$55 \cdot 35 - 40 \cdot 48 = 5.$$

よって, 解の 1 組は $(x, y) = (55, -40)$. したがって, 求める一般解は定理 1.12 より,

$$x = 55 - 48t, \quad y = -40 + 35t \quad (t \in \mathbb{Z}).$$

> **問 1.6**　次の不定方程式を解け.
>
> $$(1)\ 5x + 3y = 104, \qquad (2)\ 176x - 162y = 2$$

1.5　3 元以上の 1 次不定方程式と連立不定方程式

不定方程式 $ax + by = c$ に対して未知数を 1 つ増やした不定方程式 $ax + by + cz = d$, さらに一般に

$$a_1 x_1 + a_2 x_2 + \cdots + a_n x_n = k \qquad (\mathrm{I})$$

のような形の不定方程式の整数解を求める問題があります. ここに, a, b, c, d, k, a_1, a_2, $\cdots$, a_n は与えられた整数で, x_1, x_2, $\cdots$, x_n は未知数になります. (I) は **n 元 1 次不定方程式**と呼ばれています.

(I) が解を持つための必要十分条件は, 2 元の場合と同様な形で,

$$(a_1, a_2, \cdots, a_n) \mid k \qquad (\mathrm{II})$$

になります. その証明を与える前に 3 元, 4 元の場合の解法を例題で示しておきましょう.

例 1.7

次の不定方程式を解け (一般解を求めよ).

(1)　$7x + 4y - 8z = 23,$ (2)　$21x + 14y + 12z = 3,$
(3)　$2x + 3y + 4z + 5w = 1.$

解. どの問題も係数の最大公約数が 1 であるから解をもつ.

(1)　係数の最小な数 4 に注目して, $7 = 4 + 3$, $8 = 2 \cdot 4$ と分解し, 与式に代入して整理すれば, 与式は

$$4(x + y - 2z) + 3x = 23$$

と変形できる．ここで，$x + y - 2z = u \cdots$ ① とおくと，

$$4u + 3x = 23 \qquad\qquad ②$$

となる．この不定方程式の解の 1 組は $(u, x) = (5, 1)$ であるから，一般解は定理 1.12 より

$$u = 5 - 3t, \quad x = 1 + 4t, \ (t \in \mathbb{Z}) \qquad\qquad ③$$

③ を ① に代入し，さらに $z = s$ とすることにより

$$y = 4 + 2s - 7t$$

を得る．したがって，求める一般解は

$$x = 1 + 4t, \quad y = 4 + 2s - 7t, \quad z = s \quad (s, t \in \mathbb{Z}).$$

(2) $21 = 12 + 9, 14 = 12 + 2$ から，与式は

$$12(x + y + z) + 9x + 2y = 3$$

となり，$x + y + z = s \cdots$ ④ とおくと

$$12s + 9x + 2y = 3 \qquad\qquad ⑤$$

となる．この式の係数の最小な数 2 に注目して，

$$2 \cdot 6s + (2 \cdot 4 + 1)x + 2y = 3$$

と変形し，整理すれば

$$2(6s + 4x + y) + x = 3$$

となる．ここで，$6s + 4x + y = t$ とおくと，$2t + x = 3$ となる．よって，

$$x = 3 - 2t.$$

これを ⑤ に代入し整理すれば

$$y = -12 - 6s + 9t.$$

上記の x, y を ④ に代入し整理することにより

$$z = 9 + 7s - 7t$$

を得る．したがって，求める一般解は

$$x = 3 - 2t, \quad y = -12 - 6s + 9t, \quad z = 9 + 7s - 7t \quad (s, t \in \mathbb{Z}).$$

(3)　係数の最小な数 2 に注目して，与式を

$$2(x + y + 2z + 2w) + y + w = 1$$

と変形し，$x + y + 2z + 2w = s, \cdots ⑥, \ w = t$ とおくことにより

$$y = 1 - 2s - t$$

を得る．ここで，$z = u$ とおき，これと y の式を ⑥ に代入し整理することにより

$$x = -1 + 3s - t - 2u$$

を得る．したがって，求める一般解は

$$x = -1 + 3s - t - 2u, \quad y = 1 - 2s - t, \quad z = u, \quad w = t \quad (s, t, u \in \mathbb{Z}).$$

問 1.7　$3x + 2y + 5z = 20$ の正の整数解をすべて求めよ．

それでは，(II) すなわち「(I) が解を持つための必要十分条件は $(a_1, a_2, \cdots, a_n) \mid k$ である」ことの証明をしましょう．

必要条件　$(a_1, a_2, \cdots, a_n) = d$ とおく．d は最大公約数であるから，$a_1 = da_1'$,

$a_2 = da'_2,\ \cdots,\ a_n = da'_n\ (a'_1, a'_2, \cdots, a'_n \in \mathbb{Z})$ と表すことができる．解をもつ
という条件から，$x_1, x_2, \cdots, x_n$ を任意の解とすれば，

$$d(a'_1 x_1 + a'_2 x_2 + \cdots + a'_n x_n) = k$$

となる．よって，$d \mid k$.

十分条件 $m = |a_1| + |a_2| + \cdots + |a_n|$ とおいて，m についての数学的帰納法で
証明する．

$m = 1$ のときは，方程式は $(\pm 1) \cdot x = k$ の形であるから，明らかに解を
持つ．

$m > 1$ のとき，(I) の左辺の係数の絶対値の和が m より小さいとき成り立
つと仮定して，m のときも成り立つことを示す．

$|a_1|, |a_2|, \cdots, |a_n|$ のうち 0 でないものがただ 1 つのときは，番号を付け替
えてそれを a_1 とすると，k は $(a_1, 0, \cdots, 0) = |a_1|$ で割り切れるから

$$a_1 x_1 = k$$

は解をもつ．よって，$|a_1|, |a_2|, \cdots, |a_n|$ のうち 0 でないものが少なくとも 2
個あるとしてよい．必要ならば番号を付け替えて $|a_2| \geq |a_1|$ とし，a_2 を a_1
で割って

$$a_2 = a_1 q + r \quad (0 \leq r < |a_1|)$$

であるとする．

$x_1 + x_2 q = y$ とおけば (I) の解は

$$a_1 y + r x_2 + \cdots + a_n x_n = k \tag{III}$$

の解から得られる．$r = a_2 - a_1 q$ なので定理 1.8 によって

$$(a_1, r, \cdots, a_n) = (a_1, a_2, \cdots, a_n).$$

このとき

$$|a_1| + |r| + \cdots + |a_n| < |a_1| + |a_2| + \cdots + |a_n| = m.$$

(III) において帰納法の仮定により k は $(a_1, r, \cdots, a_n)$ で割り切れるから (III) は解を持つ．したがって，(I) も解を持つ．これで証明は完了した．

$\square$

最後に連立 3 元 1 次不定方程式の解法について述べましょう．それは変数を 1 つ消去して定理 1.12 を利用する方法になります．

---**例 1.8**---

連立不定方程式

$$\begin{cases} 2x + 3y - 4z = 8 & ① \\ 5x - 7y + 6z = 7 & ② \end{cases}$$

を解け．

解. ① $\times 3 +$ ② $\times 2$ から

$$16x - 5y = 38.$$

$(x, y) = (3, 2)$ は 1 組の解であるから，定理 1.12 よりこの方程式の一般解は

$$x = 3 + 5t, \quad y = 2 + 16t \quad (t \in \mathbb{Z}). \qquad ③$$

これらを ① に代入して整理すると

$$-4z + 58t = -4.$$

この方程式の 1 組の解として $(1,0)$ をとれば，定理 1.12 より一般解は

$$z = 1 - 29s, \quad t = -2s \quad (s \in \mathbb{Z}). \qquad ④$$

④ を ③ に代入すれば

$$x = 3 - 10s, \quad y = 2 - 32s.$$

よって求める解は

$$x = 3 - 10s, \quad y = 2 - 32s, \quad z = 1 - 29s \quad (s \in \mathbb{Z}).$$

問 1.8 次の連立 1 次不定方程式を解け.

$$\begin{cases} 2x - y + z = 8 & \quad ① \\ 3x + 4y + 2z = 43 & \quad ② \end{cases}$$

第 1 章の問の解答

問 1.1 $b > 0$ の場合のみを証明する。a 以下の倍数の中で最大なものを bq(q は整数)とする。

$$bq \leq a < b(q+1). \qquad\qquad ①$$

このとき,$r = a - bq$ とおけば ① より

$$a = bq + r \quad (0 \leq r < b)$$

が成り立つ。したがって,定理の式は成り立つ。次に,整数 q と r の一意性を示す。そのために,q, q', r, r' を

$$a = bq + r = bq' + r' \quad (0 \leq r < b,\ 0 \leq r' < b)$$

を満たすものとする。もし,$q > q'$ ならば $q - q' \geq 1$ であるから,

$$r' - r = b(q - q') \geq b. \qquad\qquad ②$$

ところが,$r' - r \leq r' < b$ であるから,これは不可能である。

全く同様に $q < q'$ の場合も不可能であるから $q = q'$ でなくてはならない。

したがって,② より $r = r'$ である。これで,q, r の一意性が示された。

問 1.2

(1)
$$(527, 465) = (465, 527) = (467, 527 - 465)$$
$$= (465, 62) = (62, 465) = (62, 465 - 7 \times 62)$$
$$= (62, 31) = 31.$$
$$\{527, 465\} = \frac{527 \cdot 465}{31} = 7905.$$

(2)
$$\text{与式} = (2046, 2108, 3720) = (2046, 2108 - 2046, 3720)$$
$$= (33 \times 62, 62, 60 \times 62) = 62.$$

問 1.3 $(m, n) = 12$ であるから m, n は $m = 12r$, $n = 12s$ (r, s は自然数)と書くことができる。ただし,$(r, s) = 1$ かつ $r < s$ である。このとき,

$\{12r, 12s\} = 12rs$ であるから，条件より $12rs = 216$. よって，$rs = 18$.
$r < s$ より，$(r,s) = (1,18), (2,9)$. よって，$(m,n) = (12,216), (24,108)$.

問 1.4 $\left[\dfrac{300}{7}\right] = 42$, $\left[\dfrac{99}{7}\right] = \left[\dfrac{1}{7} + 14\right] = \left[\dfrac{1}{7}\right] + 14 = 14$. よって求める個数は $42 - 14 = 28$.

問 1.5 $667 = 299 \times 2 + 69$, $299 = 69 \times 4 + 23$, $69 = 23 \times 3$. $\therefore (667, 299) = 23$.

問 1.6

(1) 例 1.6 と全く同様に解くことにより，$x = -104 - 3t$, $y = 208 + 5t$ $(t \in \mathbb{Z})$.

(2) 1 組の解は $(-23, -25)$. また，$(176, 162) = 2$ であるから，定理 1.12 より $x = -23 + 81t$, $y = -25 + 88t$ $(t \in \mathbb{Z})$.

問 1.7 与式を $2(x + y + 2z) + (x + z) = 20$ と変形し，$x + y + 2z = s$ … ①，$z = t$ とおくと $2s + x + t = 20$ となるから，$x = 20 - 2s - t$ を得る．これを ① に代入し整理すれば，$y = -20 + 3s - t$ を得る．

よって，一般解は $x = 20 - 2s - t$, $y = -20 + 3s - t$, $z = t$.

x, y が共に正ならば $3x + 2y > 0$ なので $5z < 20$. $z = t$ より $t = 1, 2, 3$.

(i) $t = 1$ のとき．

$20 - 2s - 1 > 0$ かつ $-20 + 3s - 1 > 0$ より $s = 8, 9$. よって，一般解に $t = 1$ と $s = 8, 9$ を代入することにより，$(x, y, z) = (3, 3, 1), (1, 6, 1)$.

(ii) $t = 2$ のとき．

$20 - 2s - 2 > 0$ かつ $-20 + 3s - 2 > 0$ から $s = 8$. よって，一般解より，$(x, y, z) = (2, 2, 2)$,

(iii) $t = 3$ のとき．

$20 - 2s - 3 > 0$ かつ $-20 + 3s - 3 > 0$ から $s = 8$. よって，一般解より，$(x, y, z) = (1, 1, 3)$.

したがって，求める正の整数解は

$$(x,\, y,\, z) = (3,\, 3,\, 1), \quad (1,\, 6,\, 1), \quad (2,\, 2,\, 2), \quad (1,\, 1,\, 3).$$

問 1.8 例 1.8 と全く同様にして解くことより

$$x = 3 - 6s, \quad y = 5 - s, \quad z = 7 + 11s \quad (s \in \mathbb{Z}).$$

Chapter 2

整数の合同

　ここでは，合同式の性質，合同方程式の解法，不定方程式への応用，フェルマーの小定理，オイラーの定理などが抵抗なく学べるように具体例を豊富に取り入れてわかりやすく解説します．

2.1　合同式とその性質

　m は正の整数とします．2 つの整数 a, b について，$a - b$ が m の倍数であるときすなわち m で割り切れるとき，**a と b は m を法として合同である**と言い，式で

$$a \equiv b \pmod{m}$$

と表します．このような式を**合同式**と言います．
　例えば，

$$9 \equiv 6 \pmod{3}, \quad 11 \equiv 8 \pmod{3}$$

のように表します．
　このことをもう少し具体的に見てみましょう．整数の集合 $\mathbb{Z}$ を 3 で割った剰余（余り）が 0, 1, 2 となる集合をそれぞれ C_0, C_1, C_2 で表します．すなわち

$$C_0 = \{\cdots, -6, -3, 0, 3, 6, 9, \cdots\},$$
$$C_1 = \{\cdots, -5, -2, 1, 4, 7, 10, \cdots\},$$

$$C_2 = \{\cdots, -4, -1, 2, 5, 8, 11, \cdots\}.$$

このとき, 9 と 6 は C_0 に属し余りがそれぞれ 0, 8 と 11 は C_2 に属し余りがそれぞれ 2 になっています. また, 上記の集合の列からも 4 と 5 は法 3 に関して合同でないことがわかります. つまり, a と b が m を法として合同であることは「a を m で割った余りと b を m で割った余りが等しい」ことと同じになります.

なお,「mod」はラテン語の modulus を略記したものとして知られています.

以下では, a, b, c, d は整数, m, n, k は自然数とします. このとき, 合同式について次のことが成り立ちます.

定理 2.1

(1)　$a \equiv a \pmod{m}$.

(2)　$a \equiv b \pmod{m}$　ならば　$b \equiv a \pmod{m}$.

(3)　$a \equiv b \pmod{m}$　かつ　$b \equiv c \pmod{m}$　ならば　$a \equiv c \pmod{m}$.

(1), (2), (3) はそれぞれ反射律, 対称律, 推移律と呼ばれている.

証明

(3) のみを示す.

条件より, $m \mid a - b$ かつ $m \mid b - c$. ところで,

$$a - c = (a - b) + (b - c)$$

であるから, $m \mid a - c$. よって, $a \equiv c \pmod{m}$.

□

定理 2.1 から, 容易に次を得ることができます.

系 2.2

$a \equiv c \pmod{m}$,　$b \equiv d \pmod{m}$ のとき,

(4)　$a + b \equiv c + d \pmod{m}$.

$$(5) \quad a - b \equiv c - d \pmod{m}.$$

$$(6) \quad ab \equiv cd \pmod{m}.$$

$$(7) \quad a^n \equiv c^n \pmod{m}.$$

証明

(6), (7) のみを示す.

(6) 条件より, $m \mid a - c$ かつ $m \mid b - d$. ところで,

$$ab - cd = a(b - d) + d(a - c)$$

であるから, $m \mid ab - cd$. よって, $ab \equiv cd \pmod{m}$.

(7) 数学的帰納法で示す.

$n = 1$ のときは明らかに成り立つ.

$n = k$ のとき成り立つと仮定.

$a \equiv c \pmod{m}$ また仮定から $a^k \equiv c^k \pmod{m}$.

よって, (6) より $a^{k+1} \equiv c^{k+1} \pmod{m}$. したがって, $n = k + 1$ のとき成り立つ.

□

ここで, 上記の性質に関係する代表的な問題を紹介しましょう.

───── 例 2.1 ─────

4^{100} を 3 で割った余りを求めよ.

解. $4 \equiv 1 \pmod 3$ であるから, 系 2.2 (7) より

$4^{100} \equiv 1^{100} \pmod 3$. $1^{100} = 1$ であるから, 4^{100} を 3 で割った余りは 1 である.

問 2.1 5^{99} を 3 で割った余りを求めよ.

系 2.3

c は 0 でない任意の整数とする. このとき, 次が成り立つ.

(8) $a \equiv b \pmod{m}$ ならば $ca \equiv cb \pmod{m}$.

(9) $a \equiv b \pmod{m}$ ならば $ca \equiv cb \pmod{cm}$.

証明

(9) を示す. 条件より $m \mid a-b$. よって,

$$cm \mid c(a-b).$$

このことは, $ca \equiv cb \pmod{cm}$ を示している.

□

───── **例 2.2** ─────

$a,\ b$ は整数とする. a を 7 で割ると 5 余り, b を 7 で割ると 4 余る. このとき, 次の数を 7 で割った余りを求めよ.

(1) $a+b$　(2) $2a-3b$　(3) ab　(4) a^2+b^2

解. 条件より $a \equiv 5 \pmod 7$, $b \equiv 4 \pmod 7$

(1) 系 2.2(4) より, $a+b \equiv 5+4 \equiv 2 \pmod 7$. よって, 余りは 2.

(2) 系 2.3(8) より, $2a \equiv 10 \pmod 7$, $3b \equiv 12 \pmod 7$. 系 2.2 (5) より, $2a-3b \equiv 10-12 = -2 \equiv 5 \pmod 7$. よって, 余りは 5.

(3) 系 2.2(6) より, $ab \equiv 5 \cdot 4 \equiv 20 \equiv 6 \pmod 7$. よって, 余りは 6.

(4) 系 2.2(7) より, $a^2 \equiv 25 \equiv 4 \pmod 7$, $b^2 \equiv 16 \equiv 2 \pmod 7$. 系 2.2(4) より, $a^2+b^2 \equiv 4+2 \equiv 6 \pmod 7$. よって, 余りは 6.

問 2.2　$a,\ b$ は整数とする. a を 6 で割ると 4 余り, b を 6 で割ると 5 余る. このとき, 次の数を 6 で割った余りを求めよ.

(1) $2a+3b$　(2) a^2-b^2　(3) a^2+ab+b^2

定理 2.4

$ca \equiv cb \pmod{m}$ のとき，次が成り立つ.

(1) $(c, m) = 1$　ならば　$a \equiv b \pmod{m}$.

(2) $(c, m) = d\,(> 1)$　ならば　$a \equiv b \pmod{\frac{m}{d}}$.

証明

(1)　条件より $m \mid c(a - b)$. $(c, m) = 1$ なので，$m \nmid c$.　よって，$m \mid a - b$. したがって，

$$a \equiv b \pmod{m}.$$

(2)　$(c, m) = d$ であるから，$c = dr$, $m = ds\,(d, s \in \mathbb{Z})$ と書くことができる．このとき，$(c, m) = (dr, ds) = d$ となるから，$(r, s) = 1$. 条件より $m \mid c(a - b)$ であるから，$m \mid dr(a - b)$. また，$m = ds$ より，$ds \mid dr(a - b)$.　よって，

$$s \mid r(a - b).$$

$(r, s) = 1$ なので，$s \nmid r$.　よって，$s \mid a - b$. すなわち，$a \equiv b \pmod{s}$. $s = \frac{m}{d}$ であるから求める結果を得る.

$\square$

ここで，上記の定理や系の応用例の 1 つとして合同方程式を取り上げましょう．

2.2　線形合同方程式

いま，合同式 $3x \equiv 4 \pmod{7}$ を満たす x の整数値をすべて求めることを考えてみます．

一般に，a は 0 でなく m で割り切れない整数，b は整数，m は自然数とするとき

$$ax \equiv b \pmod{m} \qquad (*)$$

を満たす x の整数値を求めることを**合同式を解く**と言い，このような x の整

数値全部を合同式 (∗) の**解**と言います．x の次数が 1 なので合同式 (∗) は**線形合同方程式**あるいは (1 元)**1 次合同方程式**と呼ばれています．

また，$f(x)$ は整数を係数とする多項式で，最高次の項の次数が n であって，その係数が m で割り切れないとき

$$f(x) \equiv 0 \pmod{m}$$

を (1 元) n **次合同方程式**と言います．

では，線形合同方程式 $3x \equiv 4 \pmod 7$ を解いてみましょう．

系 2.3(8) を用いて与式の両辺を 2 倍すれば

$$6x \equiv 8 \equiv 1 \pmod 7 \qquad ①$$

ところで，

$$7x \equiv 7 \pmod 7 \qquad ②$$

② から ① を引くと（系 2.2(5) を利用），求める解

$$x \equiv 6 \pmod 7$$

を得ることができます．

次に，合同方程式

$$2x \equiv 5 \pmod 6$$

を考えてみます．$2x - 5$ は奇数なので，6 で割り切れることはありません．よって解は存在しません．

このことからわかるように，線形合同方程式は常に解を持つとは限りません．このことについては次が成り立ちます．

定理 2.5

線形合同方程式

$$ax \equiv b \pmod{m}$$

が解を持つための必要十分条件は $d \mid b$ である．ここに，$d = (a, m)$.

$x = x_0$ を 1 つの解とすれば，$b = ax_0 + mt$ となる整数 t がある．よって，この合同方程式が解を持つことは不定方程式 $ax + my = b$ が解を持つことにほかならない．定理 1.10 より $d \mid b$ が必要十分条件となる．　　　　　$\square$

次に解の個数について調べてみよう．

$(a, m) = d \, (> 1)$ とします．定理 2.5 より $d \mid b$ ならば解を持ちます．その 1 つを x_0 とし，任意の解を x' とすると

$$ax_0 \equiv b \pmod{m}, \quad ax' \equiv b \pmod{m}$$

なので

$$ax_0 \equiv ax' \pmod{m}.$$

$(a, m) = d$ なので，定理 2.4(2) より

$$x' \equiv x_0 \pmod{\frac{m}{d}}$$

が得られます．これは

$$x' = x_0 + \frac{m}{d}t \quad (t \in \mathbb{Z})$$

と書くことができるので，$\pmod{\frac{m}{d}}$ において互いに異なる解は

$$t = 0, 1, \cdots, d - 1$$

の d 個になります．

もし，$(a, m) = 1$ のときは $x' \equiv x_0 \pmod{m}$ なので解は 1 個のみになります．以上から次が得られたことになります．

系 2.6

線形合同方程式 $ax \equiv b \pmod{m}$ は，合同の意味で

(1)　$(a, m) = 1$ ならばただ 1 つの解を持つ．

(2)　$(a, m) = d \, (> 1)$ ならば，$d \mid b$ のときに限り解を持ちその個数は d である．

ここで，例をあげておきましょう．

――― 例 2.3 ―――

$8x \equiv 2 \pmod{10}$ を解け.

解. $(8, 10) = 2$ および $2 \mid 2$ なので，解は存在し，その個数は 2 である.

$$10x \equiv 10 \pmod{10} \qquad \text{①}$$
$$8x \equiv 2 \pmod{10} \qquad \text{②}$$

① から ② を引くと

$$2x \equiv 8 \pmod{10}$$

ここで，定理 2.4 (2) を用いると

$$x \equiv 4 \pmod{5}.$$

よって，$\pmod{10}$ の解としては

$$x \equiv 4,\ x \equiv 9 \pmod{10}.$$

問 2.3　次の合同式方程式を解け.
(1)　$3x \equiv 15 \pmod 6$
(2)　$6x + 5 \equiv 0 \pmod 7$

2.3　連立線形合同方程式

　ここでは，未知数が x だけの合同式が与えられた場合の連立線形合同方程式について考察します.

　まず具体例から話を始めます.

─── 例 2.4 ───

次の連立合同方程式を解け.

$$(1) \quad \begin{cases} 2x \equiv 3 \pmod{3} \\ x \equiv -1 \pmod{5} \end{cases} \qquad (2) \quad \begin{cases} 5x \equiv 5 \pmod{6} \\ 7x \equiv 28 \pmod{9} \\ 2x \equiv 14 \pmod{15} \end{cases}$$

解.

(1) 系 2.3(9) を用いて,法を 15 にそろえると

$$\begin{cases} 10x \equiv 15 \pmod{15} & \textcircled{1} \\ 3x \equiv -3 \pmod{15} & \textcircled{2} \end{cases}$$

ここで,系 2.3(8) を用いて ② を 3 倍すると

$$9x \equiv -9 \equiv 6 \pmod{15} \qquad \textcircled{3}$$

① から ③ を引くと

$$x \equiv 9 \pmod{15}$$

これは,与式を満たすから求める解である.

(2) 与式において $(5,6) = 1$, $(7,9) = 1$, $(2,15) = 1$ なので,定理 2.4(1) より

$$x \equiv 1 \pmod{6}, \qquad x \equiv 4 \pmod{9}, \qquad x \equiv 7 \pmod{15}$$

を得る.

最初に,連立合同方程式

$$\begin{cases} x \equiv 1 \pmod{6} & \textcircled{1} \\ x \equiv 4 \pmod{9} & \textcircled{2} \end{cases}$$

を解く. そのために法を 18 に統一することを考えて, ①×3, ②×2 を作ると

$$\begin{cases} 3x \equiv 3 \pmod{18} & ③ \\ 2x \equiv 8 \pmod{18} & ④ \end{cases}$$

となり, ③ から ④ を引くことにより

$$x \equiv -5 \equiv 13 \pmod{18}$$

を得る. 次に, 連立合同方程式

$$\begin{cases} x \equiv 13 \pmod{18} \\ x \equiv 7 \pmod{15} \end{cases}$$

を解く. 法を 90 にそろえると

$$\begin{cases} 5x \equiv 65 \pmod{90} & ⑤ \\ 6x \equiv 42 \pmod{90} & ⑥ \end{cases}$$

となり, ⑥ から ⑤ を引くことにより

$$x \equiv -23 \equiv 67 \pmod{90}$$

を得る. これは与式を満たす. よって求める解は

$$x \equiv 67 \pmod{90}.$$

<注>. 例 2.4 については解があるという保証をここではしていませんので, 次々の式の変形が同値変形とは限らないから, 解になっているかどうか確かめました.

もう 1 つ例をあげておきましょう.

─── 例 2.5 ───

　ある整数 b は 3 で割ると 2 余り，7 で割ると 1 余る．このとき b を 21 で割ったときの余りを求めよ．

解. 条件より連立合同方程式

$$\begin{cases} b \equiv 2 \pmod 3 & ① \\ b \equiv 1 \pmod 7 & ② \end{cases}$$

を解けばよいことがわかる．

　法を 21 にそろえると

$$\begin{cases} 7b \equiv 14 \pmod{21} & ③ \\ 3b \equiv 3 \pmod{21} & ④ \end{cases}$$

となり，③ から ④ × 2 を引くことにより

$$x \equiv 8 \pmod{21}$$

を得る．これは ① と ② を満たす．よって求める余りは 8 である．

問 2.4 次の連立合同方程式を解け．

$$\begin{cases} x + 2 \equiv 0 \pmod 6 \\ 2x + 3 \equiv 0 \pmod{13} \end{cases}$$

　ここで，より一般的な場合を考えてみよう．

　連立線形合同方程式の最も簡単な形は

$$x_1 \equiv a_1 \pmod{m_1},\ x_2 \equiv a_2 \pmod{m_2},\ \cdots,\ x_k \equiv a_k \pmod{m_k} \quad (*)$$

の場合でしょう．この形の場合の解の存在については次の結果が知られています．

41

定理 2.7

m_1, m_2, $\cdots$, m_k がどの 2 つも互いに素であるとき，連立合同方程式 $(*)$ の解は

$$M = m_1 m_2 \cdots m_k$$

を法としてただ 1 つ存在する.

証明

$\dfrac{M}{m_i} = M_i$ とおけば $(m_i, M_i) = 1$ であるから

$$M_i x \equiv 1 \pmod{m_i} \quad i = 1, 2, \cdots, k$$

は系 2.6(1) よりただ 1 つの解を持つ. それをそれぞれ b_i とし，

$$x_0 = a_1 M_1 b_1 + a_2 M_2 b_2 + \cdots + a_k M_k b_k$$

とおけば，M_2, $\cdots$, M_k はすべて m_1 の倍数であるから

$$x_0 \equiv a_1 M_1 b_1 \pmod{m_1}$$

同様に

$$x_0 \equiv a_i M_i b_i \pmod{m_i}$$

であるから，x_0 は $(*)$ の 1 つの解である.

次に，$(*)$ の任意の解を x' とすれば

$$x' \equiv x_0 \pmod{m_i} \quad i = 1, 2, \cdots, k$$

であるから，$x' - x_0$ は $m_1, m_2, \cdots, m_k$ の公倍数であって，その最小公倍数 $M = m_1 m_2 \cdots m_k$ で割り切れる. すなわち，

$$x' \equiv x_0 \pmod{M}.$$

したがって，$(*)$ の解は法 M に関してただ 1 個である.

$\square$

―――――― 例 2.6 ――――――

連立線形合同方程式

$$x \equiv 1 \pmod 3, \quad x \equiv 2 \pmod 5, \quad x \equiv 3 \pmod 7$$

を解け.

解. 上記の定理の証明中の解の作り方に従って求める.

$M = 3 \cdot 5 \cdot 7 = 105$ で,

$$M_1 = \frac{105}{3} = 35, \quad M_2 = \frac{105}{5} = 21, \quad M_3 = \frac{105}{7} = 15$$

となり,

$$35x \equiv 1 \pmod 3, \quad 21x \equiv 1 \pmod 5, \quad 15x \equiv 1 \pmod 7$$

の 1 つの解は 2, 1, 1 となるから, 求める解は

$$x \equiv 1 \cdot 35 \cdot 2 + 2 \cdot 21 \cdot 1 + 3 \cdot 15 \cdot 1 \equiv 157 \pmod{105}$$

より

$$x \equiv 52 \pmod{105}.$$

上記の例を文章で表現すると次のようになります.

「ある数 x は, 3 で割ると 1 余り, 5 で割ると 2 余り, 7 で割ると 3 余る. このとき x を 105 で割った余りは」

この種の問題は百五減算 (ひゃくごげんざん) として和算家の間でよく知られている問題です. 例えば関孝和 (1640?〜1708)「括用算法」(1703 年) に類する問題があります.

百五減とは「孫子算経」(古代中国の数学書, 3 世紀または 4 世紀) に初めて見える「物不知総数」の名で知られている問題が原形であると言われています (詳しくは文献 [7, p.114] を参照して下さい). この種の問題の一般化は中国では「中国剰余定理」と呼ばれています.

　求める数が 105 より大きいとき，105 ずつ減らすという解き方を表した和名が「百五減算」なのです.

問 2.5　連立線形合同方程式

$$x \equiv 1 \pmod 3, \qquad x \equiv 2 \pmod 5, \qquad x \equiv 6 \pmod 7$$

を解け.

2.4　合同方程式の不定方程式への応用

　ここでは変数が 2 個の不定方程式を合同方程式へ帰着させて解く話をします.

　そこで，第 1 章の例 1.6 と問 1.6 の問題をとりあげてその解き方を説明しましょう.

例 2.7

　次の不定方程式を解け.

$$(1)\ 35x + 48y = 5 \qquad (2)\ 5x + 3y = 104$$

解.

(1) 与式を法 48 で見ると

$$35x \equiv 5 \pmod{48}.$$

$(35, 48) = 1$ なので，この合同式はただ 1 つの解を持つ. この式の両辺を 5 で割ると

$$7x \equiv 1 \pmod{48}$$

となり，これの両辺を 7 倍すると

$$49x \equiv 7 \pmod{48}. \qquad ①$$

一方

$$48x \equiv 48 \quad (\text{mod } 48). \qquad ②$$

① から ② を引くと

$$x \equiv -41 \equiv 7 \quad (\text{mod } 48).$$

となり，この式は

$$x = 7 + 48t \quad (t \in \mathbb{Z}).$$

と表すことができ，これを与式に代入し，両辺を 48 で割ることにより

$$y = -5 - 35t \quad (t \in \mathbb{Z})$$

を得る．よって，求める整数解は

$$x = 7 + 48t, \quad y = -5 - 35t \quad (t \in \mathbb{Z}).$$

(2) 与式を法 3 で見ると

$$5x \equiv 104 \equiv 2 \quad (\text{mod } 3). \qquad ③$$

一方

$$6x \equiv 6 \quad (\text{mod } 3). \qquad ④$$

④ から ③ を引くと

$$x \equiv 4 \equiv 1 \quad (\text{mod } 3).$$

これは

$$x = 1 + 3t \quad (t \in \mathbb{Z})$$

と書くことができる．これを与式に代入し，整理すれば

$$y = 33 - 5t \quad (t \in \mathbb{Z})$$

よって，求める整数解は

$$x = 1 + 3t, \quad y = 33 - 5t \quad (t \in \mathbb{Z}).$$

<注> 第 1 章の例 1.6 での解は

$$x = 55 - 48t, \quad y = -40 + 35t \quad (t \in \mathbb{Z})$$

になっています．一瞬，(1) の答と一致しないのではと思われるかもしれませんが，$t = 1 - u$ とおくと

$$x = 7 + 48(1 - u) = 55 - 48u, \quad y = -40 + 35u \quad (u \in \mathbb{Z})$$

となり一致します．(2) についても，$t = -35 - u$ とおくことにより，問 1.6(1) の解と一致することがわかります．

次にもう一つ面白い例を紹介しよう．

例 2.8

不定方程式 $92x + 197y = 10$ を満たす整数 x, y の組の中で，x の絶対値が最小になるものを求めよ．

解. 与式を法 197 で見ると

$$92x \equiv 10 \quad (\text{mod } 197). \qquad ①$$

$(92, 197) = 1$ なので，この合同式はただ 1 つの解を持つ．この式の両辺を 2 倍すると

$$184x \equiv 20 \quad (\text{mod } 197). \qquad ②$$

ところで，

$$197x \equiv 0 \quad (\text{mod } 197). \qquad ③$$

であるから，③ から ② を引くと

$$13x \equiv -20 \pmod{197}$$

となり，この式の両辺を 7 倍すると

$$91x \equiv -140 \pmod{197}. \qquad ④$$

となる．ここで，① から ④ を引くことで

$$x \equiv 150 \pmod{197}.$$

を得る．これは

$$x = 150 + 197t \quad (t \in \mathbb{Z}).$$

と表すことができる．いま，$t = -1$ とおくと $x = -47$ となる．これが絶対値をとったときの最小値である．これを与式に代入することにより $y = 22$ を得る．よって，求める組は

$$(x, y) = (-47, 22).$$

問 2.6 不定方程式 $92x + 197y = 1$ を満たす整数 x, y の組の中で，x の絶対値が最小になるものを求めよ．

2.5 フェルマーの小定理

ここでは，整数論で重要で大変役に立つ「フェルマーの小定理」について述べます．

最初に，この定理に関係する具体的な話から始めます．$p = 5$，$a = 3$ として，a の倍数 ka $(1 \le k \le 4)$ を作ります．

$$1 \cdot 3, \quad 2 \cdot 3, \quad 3 \cdot 3, \quad 4 \cdot 3 \qquad (A)$$

これを，(mod 5) で考えると

$$3, \quad 1, \quad 4, \quad 2 \tag{B}$$

となります.

　ここで (A) の数列の各項の積と (B) の数列の各項の積を (mod 5) で見ると，(A) と (B) は (mod 5) では同じものなので

$$4! \cdot 3^4 \equiv 4! \quad (\bmod 5)$$

となります. $(4!, 5) = 1$ ですから，定理 2.4 (1) より

$$3^4 \equiv 1 \quad (\bmod 5)$$

が得られます.

　上記のことは一般にも成り立ちます. それがフェルマーの小定理です.

定理 2.8 (フェルマーの小定理)
素数 p と互いに素な任意の整数 a に対して

$$a^{p-1} \equiv 1 \quad (\bmod p)$$

が成り立つ.

証明

　最初に a の倍数

$$1 \cdot a, \quad 2 \cdot a, \quad 3 \cdot a, \quad \cdots, \quad (p-1)a \tag{1}$$

を作る. もし 2 つの項が (mod p) で

$$sa \equiv ta \quad (\bmod p)$$

と合同になったとすると

$$(s-t)a \equiv 0 \quad (\bmod p).$$

$(a, p) = 1$ だから，定理 2.4 (1) より

$$s - t \equiv 0 \pmod{p}$$

となる．ところが，$|s - t| < p$ であるから，

$$s - t = 0 \quad \text{すなわち} \quad s = t.$$

よって，(1) の異なる項は合同でないから，(1) は全体として (集合として)

$$1, 2, 3, \cdots, p-1 \tag{2}$$

と $\pmod{p}$ のもとで一致する．よって，(1) の各項を全部掛けたものと (2) の各項を全部掛けたものは合同なので

$$(p-1)! a^{p-1} \equiv (p-1)! \pmod{p}$$

を得る．$((p-1)!, p) = 1$ だから定理 2.4 (1) より

$$a^{p-1} \equiv 1 \pmod{p}$$

を得る． $\qquad\qquad\qquad\qquad\qquad\qquad\qquad\qquad\qquad\qquad\qquad\square$

例えば，

$$2^4 \equiv 1 \pmod 5, \quad 3^4 \equiv 1 \pmod 5, \quad 4^4 \equiv 1 \pmod 5.$$

ここで，フェルマーの小定理の応用例をあげておきます．

---── 例 2.9 ──---

　フェルマーの小定理を利用して次の (1), (2) を証明せよ．

(1)　$10^{19} - 10$ は 3 で割り切れる．

(2)　p は素数で m, n は任意の自然数とする．このとき $n^{m(p-1)+1} - n$ は p で割り切れる．

解.

(1) フェルマーの小定理より，$10^2 \equiv 1 \pmod 3$ なので $10^{19} =$

$(10^2)^9 \cdot 10 \equiv 10 \pmod 3$. よって

$$10^{19} - 10 \equiv 0 \pmod 3.$$

したがって，3 で割り切れる.

(2) $(n,p) = d > 1$ とすると，p は素数であるから $d = p$ となり，n は p の倍数となるから，p で割り切れる.

$(n,p) = 1$ のとき．フェルマーの小定理より，$n^{p-1} \equiv 1 \pmod p$ なので

$$n^{m(p-1)+1} = (n^{p-1})^m \cdot n \equiv n \pmod p$$

を得る．よって

$$n^{m(p-1)+1} - n \equiv 0 \pmod p.$$

したがって，p で割り切れる.

問 2.7　p が奇素数のとき，フェルマーの小定理を用いて

$$1^p + 2^p + \cdots + (p-1)^p \equiv 0 \pmod p$$

が成り立つことを証明せよ.

フェルマーの小定理を用いることにより「ウィルソンの定理」を得ることができます.

系 2.9 (ウィルソンの定理)
素数 p に対して，$(p-1)! \equiv -1 \pmod p$.

証明

$p = 2$ のときは明らかに成り立つ.

p を 3 以上の奇数とする．このとき，$1 \leq k \leq p-1$ となる任意の整数 k

に対して，フェルマーの小定理より

$$k^{p-1} \equiv 1 \pmod{p}$$

が成り立つ．よって，多項式 $F(x) = x^{p-1} - 1$ に対して，$\pmod{p}$ で

$$F(1) \equiv 0, \quad F(2) \equiv 0, \quad F(3) \equiv 0, \quad \cdots, \quad F(p-1) \equiv 0.$$

したがって，$\pmod{p}$ で

$$F(x) \equiv (x-1)(x-2)(x-3)\cdots(x-p+1)$$

と因数分解される．ここで，$x = 0$ とすると $F(0) = -1$ より

$$(-1)^{p-1}(p-1)! \equiv -1 \pmod{p}$$

を得る．

p は 3 以上の素数なので，$(-1)^{p-1} = 1.$ よって，

$$(p-1)! \equiv -1 \pmod{p}.$$

$\square$

2.6　剰余類，オイラーの関数とオイラーの定理

最初に，今後しばしば利用することになるオイラー (Euler) の関数を紹介し，それを用いてフェルマーの小定理の拡張にあたるオイラーの定理について述べます．

n を自然数とします．このとき n と互いに素で n を超えない自然数の個数を**オイラーの関数**と言い $\varphi(n)$ で表します．

なぜ関数と呼ぶのかは，自然数全体の集合 $\mathbb{N}$ の任意の元 n に対して，集合 $\mathbb{N}$ のただ 1 つの元 $\varphi(n)$ が定まるからです．このようにすべての自然数に対してのみ定義される n の関数は**整数論的関数**と呼ばれています．よく知られている $n!$ (n の階乗) も整数論的関数になります．

話が少々それましたのでもとに戻しましょう．

例えば $\varphi(6)$ は，6 と互いに素で 6 を超えない自然数は 1 と 5 なので，$\varphi(6) = 2$ となります．また，5 と互いに素で 5 を超えない自然数は 1, 2, 3, 4 なので $\varphi(5) = 4$ となります．同様にして 1 から 10 までの $\varphi(n)$ を調べると次のようになります．

n	1	2	3	4	5	6	7	8	9	10
$\varphi(n)$	1	1	2	2	4	2	6	4	6	4

素数 p については明らかに

$$\varphi(p) = p - 1$$

となります．一般には次のことが言えます．

定理 2.10

p が素数ならば，

$$\varphi(p^k) = p^k - p^{k-1} = p^k \left(1 - \frac{1}{p}\right) \quad (k = 1,\ 2,\ \cdots)$$

が成り立つ．

証明

p で割り切れない数はすべて p^k と互いに素であるから，p^k と素でない数は p の倍数

$$p,\quad 2p, \cdots,\quad p^{k-1}p$$

の p^{k-1} 個である．よって，求める $\varphi(p^k)$ は $p^k - p^{k-1} = p^k \left(1 - \frac{1}{p}\right)$ である． $\square$

次に，$\varphi(n)$ の顕著な性質，

$$(a, b) = 1 \text{ のとき } \varphi(ab) = \varphi(a)\varphi(b)$$

が成り立つことを示したい．そこで，少々長くなりますがその証明の中で必要とする用語などの準備をします．

任意の整数を 3 で割ったときの剰余 (余り) は 0,, 1,, 2 のいずれかです. このとき, 同じ剰余すべての集合に注目することによって整数全体の集合を

$$\cdots, -9, -6, -3, 0, 3, 6, 9, 12, \cdots \quad (\text{余り } 0)$$
$$\cdots, -8, -5, -2, 1, 4, 7, 10, 13, \cdots \quad (\text{余り } 1)$$
$$\cdots, -7, -4, -1, 2, 5, 8, 11, 14, \cdots \quad (\text{余り } 2)$$

の 3 つの集合に分類できます. このように同じ剰余を持つすべての集合は 1 つの**剰余類**と呼ばれています. 明らかに, 整数の集合は自然数 m で割ったとき m 個の剰余類に分類されます.

合同の定義のところで述べたように m で割ったときの剰余が等しいことは法 m に関して合同であることを意味します. つまり法 m に関する 1 つの剰余類は法 m に関して互いに合同な整数の集合になります.

例えば

$$\cdots, -8, -5, -2, 1, 4, 7, 10, 13, \cdots$$

は法 3 に関して互いに合同になっています.

法 m に関する m 個の剰余類のそれぞれから 1 つずつ代表の整数をとるとき, その代表の集合を**法 m に関する完全剰余系**と言います. 例えば, 法 3 に関する完全剰余系は

$$0, 1, 2 \quad \text{あるいは} \quad 1, 3, 5 \quad \text{あるいは} \quad -3, -2, 2$$

などでよく選び方は無数にありますが, 定義からただちに次のことが言えます.

命題 2.11

m 個の整数 $a_1, a_2, \cdots, a_m$ が法 m に関する完全剰余系であるための必要十分条件は $a_1, a_2, \cdots, a_m$ のうちどの 2 つも法 m に関して合同でないことである.

法 m に関する 1 つの剰余類に属する整数がすべて m と素であるとき, この剰余類を**既約類**と言います.

例えば，法 4 に関する剰余類

$$\cdots, -8, -4, 0, 4, 8, \cdots \quad (余り 0)$$
$$\cdots, -7, -3, 1, 5, 9, \cdots \quad (余り 1)$$
$$\cdots, -6, -2, 2, 6, 10, \cdots \quad (余り 2)$$
$$\cdots, -5, -1, 3, 7, 11, \cdots \quad (余り 3)$$

のうち既約類は

$$\cdots, -7, -3, 1, 5, 9, \cdots$$

と

$$\cdots, -5, -1, 3, 7, 11, \cdots$$

の 2 個になります.

　この例からわかるように m に素な整数が 1 つでもその剰余類に含まれていれば既約類になります.

　$1, 2, \cdots, m$ は法 m に関する完全剰余系であって，そのうち m に素であるものは $\varphi(m)$ 個ありますから，法 m に関する既約類の個数は $\varphi(m)$ になります. $m = 4$ のとき $\varphi(m) = 2$ ですから上記の個数と一致します. $\varphi(m)$ 個の既約類のそれぞれから 1 つずつ代表の整数をとるとき，その代表の集合を**法 m に関する既約剰余系**と言います.

　例えば，法 4 に関する既約剰余系は $1, 3$ あるいは $-3, 7$ などでやはり無数の選び方があります. 次の事実も定義からただちに得られます.

命題 2.12

　$a_1, a_2, \cdots, a_k \ (k = \varphi(m))$ が法 m に関する既約剰余系であるための必要十分条件はこれらがすべて m と素であって，どの 2 つも法 m に関して合同でないことである.

　以上の準備のもとで「$(a, b) = 1$ のとき $\varphi(ab) = \varphi(a)\varphi(b)$ が成り立つ」という話に戻しましょう. このことは，$\varphi(n)$ を求めるとき大変便利な事実で

す. 例えば,

$$\varphi(35) = \varphi(5 \cdot 7) = \varphi(5)\varphi(7) = 4 \cdot 6 = 24$$

として求めることができます. それでは, 上記の事実を定理としてキチンと
述べましょう.

定理 2.13

a, b は自然数とする. このとき, 次が成り立つ. $(a, b) = 1$ のとき
$\varphi(ab) = \varphi(a)\varphi(b)$.

証明

フェルマーの小定理 (定理 2.8) の証明の中でのアイディアを用いて, 集合
$\{am + bn \mid m = 1, 2, \cdots, b; n = 1, 2, \cdots, a\}$ を考える. ここに, $(a, b) = 1$ と
する. もちろんこの集合の要素の個数は ab である.

いま,

$$am_1 + bn_1 \equiv am_2 + bn_2 \pmod{ab}$$

とすれば,

$$am_1 + bn_1 \equiv am_2 + bn_2 \pmod{a}$$

かつ

$$am_1 + bn_1 \equiv am_2 + bn_2 \pmod{b}$$

となるから, 前者から $bn_1 \equiv bn_2 \pmod{a}$, 後者から $am_1 \equiv am_2 \pmod{b}$
を得る. $(a, b) = 1$ であるから, これらから, さらに

$$n_1 \equiv n_2 \pmod{a}, \quad \text{および} \quad m_1 \equiv m_2 \pmod{b}$$

を得る. よって, 上の ab 個の $am + bn$ は組 $(m_1, n_1) \neq (m_2, n_2)$ である限
りすべて異なるから, 命題 2.11 より完全剰余系を作ることがわかる.

ここで, 上の集合の要素 $am + bn$ が ab と互いに素の場合を考えると,
$(a, b) = 1$ であるから,

$$(am + bn, a) = 1 \quad \text{かつ} \quad (am + bn, b) = 1$$

すなわち

$$(bn, a) = 1, \quad かつ \quad (am, b) = 1$$

を得る. ここでまた $(a, b) = 1$ であることに注意すれば, さらに

$$(n, a) = 1, \quad かつ \quad (m, b) = 1$$

であることがわかる. したがって $(am + bn, ab) = 1$ とする n, m の個数はそれぞれ $\varphi(a)$ 個, $\varphi(b)$ 個である. ところで, $\{am + bn\}$ のうち $(am + bn, ab) = 1$ である個数は $\varphi(ab)$ である. よって, 所望の結果 $\varphi(ab) = \varphi(a)\varphi(b)$ を得る.

$\square$

　この定理より, $a_1, a_2, \cdots, a_n$ のどの 2 つも互いに素ならば

$$\varphi(a_1 a_2 \cdots a_n) = \varphi(a_1)\varphi(a_2)\cdots\varphi(a_n)$$

であることがわかります. このことと定理 2.10 から $\varphi(n)$ を求めるのに大変有用な次の定理が得られます.

定理 2.14

自然数 n の素因数分解を $p_1^{n_1} p_2^{n_2} \cdots p_k^{n_k}$ とするならば

$$\varphi(n) = n \left(1 - \frac{1}{p_1}\right) \left(1 - \frac{1}{p_2}\right) \cdots \left(1 - \frac{1}{p_k}\right)$$

証明

$$\begin{aligned}
\varphi(n) &= \varphi(p_1^{n_1} p_2^{n_2} \cdots p_k^{n_k}) = \varphi(p_1^{n_1})\varphi(p_2^{n_2})\cdots\varphi(p_k^{n_k}) \\
&= p_1^{n_1}\left(1 - \frac{1}{p_1}\right) p_2^{n_2}\left(1 - \frac{1}{p_2}\right) \cdots p_k^{n_k}\left(1 - \frac{1}{p_k}\right) \\
&= n\left(1 - \frac{1}{p_1}\right)\left(1 - \frac{1}{p_2}\right)\cdots\left(1 - \frac{1}{p_k}\right).
\end{aligned}$$

$\square$

問 2.8　$\varphi(100)$, $\varphi(365)$ を求めよ.

オイラーは「フェルマーの小定理」をオイラーの関数 φ を用いて下記のように拡張しました．それは**オイラーの定理**と呼ばれており，その証明はフェルマーの小定理のそれと類似しています．

定理 2.15 (オイラーの定理)

自然数 m と互いに素な任意の整数 a に対して

$$a^{\varphi(m)} \equiv 1 \pmod{m}$$

が成り立つ．

証明

m を法とする既約剰余系を $x_1, x_2, \cdots, x_k \ (k = \varphi(m))$ とし，$(a, m) = 1$ である整数 a を用いて $ax_1, ax_2, \cdots, ax_k$ という k 個の数を作る．これが既約剰余系の代表となることはフェルマーの小定理の場合と同様にして示すことができる．したがって，m を法として考えると $ax_1, ax_2, \cdots, ax_k$ は全体として $x_1, x_2, \cdots, x_k$ の順序を変えたものにほかならないから

$$(ax_1)(ax_2)\cdots(ax_k) \equiv x_1 x_2 \cdots x_k \pmod{m}$$
$$a^k x_1 x_2 \cdots x_k \equiv x_1 x_2 \cdots x_k \pmod{m}.$$

各 $x_i \ (i = 1, 2, \cdots, k)$ は m と互いに素であるから

$$a^k \equiv 1 \quad \text{すなわち} \quad a^{\varphi(m)} \equiv 1 \pmod{m}$$

を得る．

$\square$

問 2.9 オイラーの定理を用いて 2^{19} を 9 で割った余りを求めよ．

2.7 オイラーの定理の不定方程式への応用

2.4 節で不定方程式への応用の話をしましたが，オイラーの定理を利用することにより，問題によってはより簡単に解くことができる場合がありま

す．例題を通してそのことを示してみましょう．

━ 例 2.10 ━

次の不定方程式を解け．

$$(1) \quad 5^4 x - 2^4 y = 1 \qquad (2) \quad 11^5 x - 2^5 y = 1$$

解.

(1) 与式を法 2^4 で見ると

$$5^4 x \equiv 1 \pmod{2^4}. \qquad ①$$

$(5, 2^4) = 1$, $\varphi(2^4) = 2^4 \left(1 - \dfrac{1}{2}\right) = 8$. よって，オイラーの定理から，

$$5^8 \equiv 1 \pmod{2^4}. \qquad ②$$

① の両辺に 5^4 を掛けると

$$5^8 x \equiv 5^4 \pmod{2^4}.$$

② より

$$x \equiv 5^4 \equiv 1 \pmod{2^4}.$$

よって，$x = 1 + 2^4 t$ (t は整数)．これを与式に代入すると $2^4 y = 5^4(1 + 2^4 t) - 1 = 5^4 - 1 + 5^4 \cdot 2^4 t$ よって，$y = 39 + 5^4 t$.
したがって，求める一般解は

$$x = 1 + 16t, \quad y = 39 + 625t \quad (t \text{ は整数}).$$

(2) 与式を法 2^5 で見ると

$$11^5 x \equiv 1 \pmod{2^5}. \qquad ③$$

$(11, 2^5) = 1$, $\varphi(2^5) = 2^5 \left(1 - \dfrac{1}{2}\right) = 16$. よって，オイラーの定理から，

$$11^{16} x \equiv 1 \pmod{2^5}. \qquad ④$$

---

③ の両辺に 11^{11} を掛けると

$$11^{16}x \equiv 11^{11} \pmod{2^5}.$$

④ より

$$x \equiv 11^{11} \pmod{2^5}. \qquad ⑤$$

ところで，$11^2 \equiv 25 \pmod{2^5}$ であるから

$$11^{11} = 11^{10} \cdot 11 = (11^2)^5 \cdot 11 \equiv 25^5 \cdot 11 \pmod{2^5}.$$

ここで，$25^2 \equiv 17 \pmod{2^5}$, $17^2 \equiv 1 \pmod{2^5}$ であることに注意すれば

$$11^{11} \equiv (25^2)^2 \cdot 25 \cdot 11 \equiv 17^2 \cdot 25 \cdot 11 \equiv 25 \cdot 11 \equiv 19 \pmod{2^5}.$$

よって，⑤ から

$$x = 19 + 2^5 t \quad (t \text{ は整数}).$$

これを与式に代入して計算することにより

$$y = 95624 + 11^5 t.$$

したがって，求める一般解は

$$x = 19 + 32t, \quad y = 95624 + 11^5 t \quad (t \text{ は整数})$$

上記の例 (1), (2) ともオイラーの定理を使うことにより機械的にスムーズに解くことができましたが，オイラーの定理を使わないで解こうとすると多少の工夫と手間が必要となります．

問 2.10 次の不定方程式を解け．

$$(1) \quad 7x + 10y = 5 \qquad (2) \quad 2^7 x - 3^2 y = 1$$

第 2 章の問の解答

問 2.1 $5^2 \equiv 1 \pmod{3}$ であるから，$5^{99} = (5^2)^{49} \cdot 5 \equiv 1 \cdot 5 \pmod{3}$．$5 \equiv 2 \pmod{3}$．よって，余りは 2．

問 2.2 例 2.2 と同様にして解くと (1) 余り 5，(2) 余り 3，(3) 余り 1．

問 2.3

(1) $(3, 6) \equiv 3$ および $3 \mid 15$ なので，解は存在し，その個数は 3．定理 2.4(2) より $x \equiv 5 \equiv 1 \pmod{2}$．よって，1, 3, 5 (mod 6)．

(2) $6x \equiv -5 \equiv 2 \pmod{7}$．$(6, 7) = 1$ なので解は存在し，その個数は 1．$6x \equiv 2 \pmod{7}$ および $7x \equiv 7 \pmod{7}$ なので，後者から前者を引くことより，$x \equiv 5 \pmod{7}$．

問 2.4 $x \equiv -2 \equiv 4 \pmod{6}$ および $2x \equiv -3 \equiv 10 \pmod{13}$ より，与式は

$$\begin{cases} x \equiv 4 \pmod{6} \\ 2x \equiv 10 \pmod{13} \end{cases}$$

となる．系 2.3(9) を用いて，法を 78 にそろえると

$$\begin{cases} 13x \equiv 52 \pmod{78} & ① \\ 12x \equiv 60 \pmod{78} & ② \end{cases}$$

① から ② を引くと

$$x \equiv -8 \equiv 70 \pmod{78}.$$

これは，与式を満たすから求める解である．

問 2.5 $M = 3 \cdot 5 \cdot 7 = 105$ で，$M_1 = 35$，$M_2 = 21$，$M_3 = 15$．

$$35x \equiv 1 \pmod{3}, \quad 21x \equiv 1 \pmod{5}, \quad 15x \equiv 1 \pmod{7}$$

の 1 つの解は 2, 1, 1 となるから，求める解は

$$x \equiv 1 \cdot 35 \cdot 2 + 2 \cdot 21 \cdot 1 + 6 \cdot 15 \cdot 1 = 202 \equiv 97 \pmod{105}.$$

問 2.6 $(x, y) = (15, -7)$．

問 2.7　$n = 1, 2, \cdots, p-1$ とおくと，$(n, p) = 1$．フェルマーの小定理より，$n^{p-1} \equiv 1 \pmod{p}$ よって，$n^p \equiv n \pmod{p}$ $(n = 1, 2, \cdots, p-1)$．したがって，

$$1^p + 2^p + \cdots + (p-1)^p \equiv 1 + 2 + \cdots + (p-1) \pmod{p}.$$

ところで，

$$1 + 2 + \cdots + (p-1) = \frac{p(p-1)}{2} = p\frac{(p-1)}{2}.$$

p は奇数であるから，$\dfrac{p-1}{2}$ は正の整数．よって，

$$1 + 2 + \cdots + (p-1) \equiv 0 \pmod{p}.$$

したがって，

$$1^p + 2^p + \cdots + (p-1)^p \equiv 0 \pmod{p}.$$

問 2.8　$100 = 2^2 \cdot 5^2$．$\varphi(100) = 100 \left(1 - \dfrac{1}{2}\right)\left(1 - \dfrac{1}{5}\right) = 40$．

$$365 = 5 \cdot 73, \quad \varphi(365) = 365 \left(1 - \frac{1}{5}\right)\left(1 - \frac{1}{73}\right) = 288.$$

問 2.9　$\varphi(9) = 6$ より，$2^6 \equiv 1 \pmod{9}$ であるから，

$$2^{19} = (2^6)^3 \cdot 2 \equiv 1 \cdot 2 \equiv 2 \pmod{9}.$$

よって，余りは 2．

問 2.10

(1) 与式を法 10 で見ると

$$7x \equiv 5 \pmod{10}. \qquad\qquad ①$$

$(7, 10) = 1$，$\varphi(10) = 4$．よって，オイラーの定理から，

$$7^4 \equiv 1 \pmod{10}. \qquad\qquad ②$$

① の両辺に 7^3 を掛けると ② より

$$x \equiv 5 \cdot 7^3 = 1715 \equiv 5 \pmod{10}.$$

よって，$x = 5 + 10t$ (t は整数)．これを与式に代入すると求める一般解は

$$x = 5 + 10t, \quad y = -3 - 7t \quad (t \text{ は整数}).$$

(2) 与式を法 3^2 で見る

$$2^7 x \equiv 1 \pmod{3^2}.$$

$(2, 3^2) = 1$，$\varphi(3^2) = 6$．よって，オイラーの定理から，

$$2^6 \equiv 1 \pmod{3^2}$$

$2^7 x \equiv 2^6 \cdot 2x \equiv 1 \pmod{3^2}$ より

$$2x \equiv 1 \pmod{3^2}$$

この式の両辺を 4 倍すると

$$8x \equiv 4 \pmod{3^2}. \qquad\qquad ①$$

一方

$$9x \equiv 9 \pmod{3^2}. \qquad\qquad ②$$

② $-$ ① より

$$x \equiv 5 \pmod{3^2}$$

よって，$x = 5 + 3^2 t$ (t は整数)．これを与式に代入し計算することにより，求める一般解は

$$x = 5 + 9t, \quad y = 71 + 128t \quad (t \text{ は整数}).$$

位数，原始根，指数

ここでは，原始根や指数が十分に理解できるように具体例を豊富に取り入れて解説し，さらにそれらを用いることによりいろいろな合同式がより簡明に解けることを示します.

3.1 位数，原始根

これから述べます原始根，それに付随して得られる（対数の概念によく似ている）指数は整数論の研究において重要な方法を提供してくれます.

フェルマーの小定理 (定理 2.9) により，素数 p と互いに素な整数 a に対して合同式

$$a^{p-1} \equiv 1 \pmod{p}$$

が成り立ちました. ところが，$p-1$ より小さい自然数 j で

$$a^j \equiv 1 \pmod{p}$$

となるような場合があります. 例えば

$$4^2 \equiv 1 \pmod{5}$$

が例の１つになります.

a を k 乗して初めて

$$a^k \equiv 1 \pmod{p}$$

となる自然数 k を p を法とする a の位数と言い，

$$\mathrm{ord}_p(a) = k$$

と表します．いま，4^x $(x \in \mathbb{N})$ を $(\mathrm{mod}\ 7)$ で見ると

4^x	4	4^2	4^3	4^4	4^5	4^6
mod 7	4	2	1	4	2	1

表 3.1

となりますから，位数は 3 となり，$\mathrm{ord}_7(4) = 3$ と表すことになります．

ここで，位数と $p-1$ との関係に注目すると

$$4^2 \equiv 1 \pmod 5, \quad 4^3 \equiv 1 \pmod 7$$

から，$2 \mid 4$，$3 \mid 6$ となっていることがわかります．一般には次が成り立ちます．

定理 3.1

$\mathrm{ord}_p(a) = k$ とし，f を $a^f \equiv 1 \pmod p$ を満たす任意の自然数とする．このとき，次が成り立つ．

(1)　$k \mid f$.

(2)　$a^0, a^1, a^2, \cdots, a^{k-1}$ は p を法として合同でない．

証明

(1) f は $a^f \equiv 1 \pmod p$ を満たす任意の自然数であるから，もし

$$f = kq + r \ (0 < r < k)$$

とすると，条件より $a^k \equiv 1 \pmod p$ であるから

$$a^f = a^{kq+r} = (a^k)^q \cdot a^r = a^r \pmod p$$

となる．この式から $a^r \equiv 1 \pmod p$ となる．これは k が位数であることに反する．よって $r = 0$ となり $f = kq$，すなわち $k \mid f$.

(2) もし, $0 \leq i < j < k$ とし, $a^j \equiv a^i \pmod{p}$ になったとすると,

$$a^{j-i} \equiv 1 \pmod{p} \; (0 < j - i < k)$$

となり, k が位数であることに反する.

□

これに対して $p-1$ より小さな自然数 k に対しては $a^k \not\equiv 1 \pmod{p}$ であって, **ちょうど $p-1$ 乗して初めて $\pmod{p}$ で 1 となる**ような数 g, すなわち

$$\mathrm{ord}_p(g) = p - 1$$

となる数 g を p の**原始根** (primitive root) と言います.
　例えば,

$$1^1 \equiv 1 \pmod{2}, \quad 2^2 \equiv 1 \pmod{3}, \quad 3^3 \equiv 1 \pmod{4}, \quad 3^4 \equiv 1 \pmod{5}$$

なので, 法 2, 法 3, 法 4, 法 5 に関する原始根はそれぞれ 1, 2, 3, 3 になります. $4^2 \equiv 1 \pmod{5}$ なので, 4 は法 5 の原始根ではありません.
　法 6 について調べてみましょう.

$$2^5 \equiv 2 \pmod{6}, \quad 3^5 \equiv 3 \pmod{6}, \quad 4^5 \equiv 4 \pmod{6}, \quad 5^5 \equiv 5 \pmod{6}$$

なので, 法 6 に関する原始根は存在しません. ところが素数 p に限定すると原始根が必ず存在することを示すことができます. 以降, その話に移ります. そこで補題を用意します.

補題 3.2

　$a,\ b$ を正の整数とする. このとき, ℓ を $a,\ b$ の最小公倍数とすれば, $\ell = a_0 b_0$ と表すことができる. ただし, $a_0,\ b_0$ はそれぞれ $a,\ b$ の約数で $(a_0, b_0) = 1$ である.

<u>証明</u>
　いま, $\ell = p_1^{e_1} p_2^{e_2} \cdots p_r^{e_r}$ (p_i は素数で, $p_i \neq p_j\ (i \neq j)$) の形に分解されているとする. このとき, 各素数の累乗 ($p_i^{e_i}$ の形の数) は $a,\ b$ のどちらかに

67

含まれている．a に含まれている素数の累乗の積を a_0，b に含まれている素数の累乗の積を b_0，両方に含まれているものはどちらか一方に入れる．そうすると $\ell = a_0 b_0$ で $(a_0, b_0) = 1$ である．

例えば，$a = 2^3 \cdot 3 \cdot 5^2 \cdot 7$，$b = 2^2 \cdot 3^2 \cdot 5 \cdot 7$ のとき

$$\ell = 2^3 \cdot 3^2 \cdot 5^2 \cdot 7$$

なので，$a_0 = 2^3 \cdot 5^2 \cdot 7, b_0 = 3^2$ あるいは $a_0 = 2^3 \cdot 5^2, b_0 = 3^2 \cdot 7$ のようにとると，確かに $(a_0, b_0) = 1$ であり，a_0, b_0 はそれぞれ a, b の約数である．

□

補題 3.3

p は素数で，$f(x)$ は n 次多項式とする．このとき，$f(x) \equiv 0 \pmod{p}$ の解は高々 n 個である．

証明

数学的帰納法で示す．

(i) $n = 1$ のとき．1 次多項式を $f(x) = ax + b$　$(a \not\equiv 0 \pmod{p})$ とおく．$(a, p) = 1$ なので，系 2.6(1) より $ax + b \equiv 0$ は $\pmod{p}$ でただ 1 つの解を持つ．よって，$n = 1$ のとき成り立つ．

(ii) $(n-1)$ 次多項式が法 p に関して高々 $(n-1)$ 個の解を持つと仮定する．

$f(x)$ は n 次多項式で $f(x) \equiv 0 \pmod{p}$ の解の 1 つを $x = a$ とする（すなわち $f(a) \equiv 0 \pmod{p}$ とする）．いま，

$$f(x) = (x - a)g(x) + f(a) \qquad ①$$

とすると $g(x)$ は $(n-1)$ 次式である．

ここで，$x = b$ を $f(x) \equiv 0 \pmod{p}$ の a 以外の任意の解とする．明らかに $a \not\equiv b \pmod{p}$ である．① で $x = b$ とすると，$f(a) \equiv 0$，$f(b) \equiv 0 \pmod{p}$ なので

$$(b - a)g(b) \equiv 0 \pmod{p}$$

となる．このとき，$a \not\equiv b \pmod{p}$ なので $g(b) \equiv 0 \pmod{p}$．つまり，a

以外の解は $(n-1)$ 次式多項式 $g(x)$ の解になるから高々 $(n-1)$ 個である. したがって, $f(x) \equiv 0 \pmod{p}$ の解は高々 n 個である.

数学的帰納法により補題は証明された.

□

定理 3.4

p が素数ならば p の原始根は必ず存在する.

$\boxed{\text{証明}}$

a は p で割り切れない任意の整数とし, その位数を m とする. そうすると, $0 \le k \le m-1$ である任意の整数 k に対して

$$(a^k)^m = (a^m)^k \equiv 1 \pmod{p}$$

なので,

$$a^0(=1),\, a,\, a^2,\, ...,\, a^{m-1} \qquad\qquad ①$$

は合同方程式

$$x^m \equiv 1 \pmod{p} \qquad\qquad ②$$

の解である. 解は定理 3.1(2) より p を法としてすべて異なる. また, 補題 3.3 より法 p での m 次方程式の解は高々 m 個なので ① の解はすべてである.

もし $m = p-1$ ならば a はすでに原始根である. $m < p-1$ のときは m より大きい位数を持つ数が必ず求められることを示す. そうすれば, ついには原始根に到達することになり目的が達せられる.

$m < p-1$ ならば $\pmod{p}$ において, ① 以外 (① と合同でない) の整数 b をとることができる. b の位数を $n(> 1)$ とする. このとき, n は m の約数でないことを示そう.

もし, $m = nd(d \ne 1)$ とすると

$$b^m = b^{nd} = (b^n)^d \equiv 1^d \equiv 1 \pmod{p}$$

となり, b が ② の解であることになり b の取り方に反する. このことは n が m の約数でないことを示している.

そこで，次の 2 つの場合に分けて考える．

(i) $(m, n) = 1$ のとき，

(ii) $(m, n) = d > 1$ のとき．

以下，いずれの場合も位数が m より大きくなる元を a, b から作りだせることを示そう．

(i) のとき (すなわち $(m, n) = 1$ のとき)

ab の位数が mn であることを示す．そこで

$$(ab)^x \equiv 1 \pmod{p} \qquad \qquad ③$$

となる x について考える．この式の左辺を m 乗すると，$a^m \equiv 1 \pmod{p}$ より，

$$\{(ab)^x\}^m = (a^m)^x b^{mx} = b^{mx} \pmod{p}.$$

よって，③ の両辺を m 乗すると，

$$b^{mx} \equiv 1 \pmod{p}$$

定理 3.1(1) より，mx は b の位数の倍数である．ところが $(m, n) = 1$ なので，$n \mid x$ でなくてはならない．同様にして ③ の両辺を n 乗して考えれば，$(m, n) = 1$ なので，$m \mid x$ でなくてはならない．つまり，x は n の倍数かつ m の倍数であり $(m, n) = 1$ なので，x は mn の倍数である．

mn の倍数のうち，正の最小の mn をとると，

$$(ab)^{mn} = (a^m)^n (b^n)^m \equiv 1^n \cdot 1^m \equiv 1 \pmod{p}$$

となるので，ab の位数は $mn \, (> m)$ である．

(ii) のとき (すなわち $(m, n) = d > 1$ のとき)

m, n の最小公倍数を ℓ とする．ここで，

$$\ell = \frac{mn}{d} = m_0 n_0$$

とおく．補題 3.2 より m_0 は m の約数，n_0 は n の約数で $(m_0, n_0) = 1$ にすることができる．

いま，$a^{\frac{m}{m_0}}$ と $b^{\frac{n}{n_0}}$ のそれぞれを m_0 乗，n_0 乗すると

$$(a^{\frac{m}{m_0}})^{m_0} = a^m \equiv 1 \pmod{p}, \quad (b^{\frac{n}{n_0}})^{n_0} = b^n \equiv 1 \pmod{p}$$

となり，$a^{\frac{m}{m_0}}$ と $b^{\frac{n}{n_0}}$ の位数はそれぞれ m_0, n_0 であることがわかる．$(m_0, n_0) = 1$ であるから (i) より

$$a^{\frac{m}{m_0}} \cdot b^{\frac{n}{n_0}}$$

の位数は $m_0 n_0$ である．$\ell = m_0 n_0$ で ℓ は m と n の最小公倍数で，n は m の約数でないから，$\ell > m$.

以上により原始根の存在が確定し，同時に原始根を実際に求める方法が示されたことになる．

$\square$

ここで，定理の証明の (i) の方法にしたがって，$p = 7$ の原始根を求めてみよう．

いま，$a = 2$ とすると $2^3 \equiv 1 \pmod 7$ なので $m = 3$. 次に，1, 2, 2^2 に含まれていない数 6 をとります．$b = 6$ とすると，$6^2 \equiv 1 \pmod 7$ になるので，$n = 2$.

$$a \cdot b = 2 \cdot 6 = 12 \equiv 5 \pmod 7, \quad m \cdot n = 3 \cdot 2 = 6$$

なので，定理の証明より $5^6 \equiv 1 \pmod 7$. このことから 5 は 7 の原始根であることがわかります．

ところで，5 の場合の原始根は 2 と 3 の 2 個ありました．7 の原始根は 5 に限るだろうか．

$p = 7$ の原始根 5 について

$$1 (= 5^0), \ 5, \ 5^2, \ 5^3, \ 5^4, \ 5^5$$

は法 7 に関してすべて異なり，$(5^k, 7) = 1$（$k = 1, 2, \cdots, 5$）なので，既約剰余系になっています．よって，命題 2.11 より上記の 5^k の中でどれが原始根になるか調べればよいことになります．

$$(5^2)^3 \equiv 1, \quad (5^3)^2 \equiv 1, \quad (5^4)^3 \equiv 1 \pmod 7$$

なので, これらは原始根ではありません. 一方

$$(5^5)^6 \equiv 1 \pmod 7$$

となりますので, 5^5 が原始根になります. 上記のことから $(k, 6) = 1$ のときのみ 5^k は原始根になることがわかります.

なお, $5^5 \equiv 3 \pmod 7$ なので素数 7 の原始根は $3, 5$ に限ることがわかります.

以上の考察と, 素数 p に対して $\varphi(p) = p - 1$ であることに注意すれば, 一般に次のことが成り立つことがわかります.

系 3.5

奇素数 p を法とする原始根の 1 つを r とすると

$$1, \ r, \ r^2, \ \cdots, \ r^{p-2}$$

は既約剰余系の 1 つで原始根は $\varphi(p-1)$ 個存在する. ここに, φ はオイラーの関数である.

ここで, 例をあげておきましょう.

── 例 3.1 ──

$p = 13$ の原始根を求めよ.

解. 定理 3.4 の証明中の (ii) の方法によって求める.

$$4^6 \equiv 1 \pmod{13} \quad 5^4 \equiv 1 \pmod{13}$$

なので, $m = 6, \ n = 4$ とおく. また, $\ell = \{6, 4\} = 12 = 3 \times 4$ より, $m_0 = 3, \ n_0 = 4$ とおく.

$$4^{\frac{6}{3}} \cdot 5^{\frac{4}{4}} = 4^2 \cdot 5 \equiv 2 \pmod{13}$$

で, $2^{3 \times 4} \equiv 1 \pmod{13}$ となるから, 13 の原始根の 1 つは 2. 次に, $(2^k)^{12} \equiv 1 \pmod{13}$ となる k $(k = 1, \ 2, \ \cdots, \ 11)$ を探す.

$$(2^5)^{12} \equiv 1, \ (2^7)^{12} \equiv 1, \ (2^{11})^{12} \equiv 1 \pmod{13}$$

ところで,
$$2^5 \equiv 6, \ 2^7 \equiv 11, \ 2^{11} \equiv 7 \pmod{13}$$

なので 6, 11, 7 は 13 の原始根である.
$$\varphi(12) = 12\left(1 - \frac{1}{2}\right)\left(1 - \frac{1}{3}\right) = 4$$

であるから,原始根は 2, 6, 7, 11 の 4 個でこれらに限ることがわかる.

問 3.1 $p = 17$ の最小な正の原始根を求めよ.

次に,原始根に付随して得られる指数について述べましょう.

3.2 原始根と指数

定理 3.1 より,奇素数 p の原始根の 1 つを $g(\neq 1)$ とすれば
$$1, g, g^2, \cdots, g^{p-2}$$

は互いに合同ではない $p - 1$ 個の数で,p で割り切れません.また,全体としては (順序を無視すれば)
$$1, 2, 3, \cdots, p - 1$$

と $\pmod{p}$ で合同になります.

例えば, $\pmod 5$ に関して,5 の原始根として 3 をとると
$$3^0 \equiv 1, \quad 3^1 \equiv 3, \quad 3^2 \equiv 4, \quad 3^3 \equiv 2$$

ですから,順序を無視すれば $1, 2, 3, 4$ と合同になります.

したがって,p で割り切れない任意の整数 a に対して
$$g^e \equiv a \pmod{p}$$

となるような数 $e \, (0 \leq e < p - 1)$ は必ず存在します.

この e のことを**原始根 g を底とする a の指数** (Index) と言い,

$$\mathrm{Ind}_g(a) \quad \text{または単に} \quad \mathrm{Ind}(a)$$

と表します. すなわち,

$$g^e \equiv a \pmod{p} \quad \Leftrightarrow \quad \mathrm{Ind}_g(a) \equiv e \pmod{(p-1)}$$

となります (混乱の恐れがない場合は $\mathrm{Ind}_g(a)$ を $\mathrm{Ind}_g a$ と書くことにします).

例えば,

$$5^3 \equiv 6 \pmod{7} \quad \Leftrightarrow \quad \mathrm{Ind}_5 6 \equiv 3 \pmod{6}.$$

この書き方は, 次に示すように対数の表し方に類似しています.

$$5^3 = 125 \quad \Leftrightarrow \quad \log_5 125 = 3.$$

ここで, 7 の原始根の 1 つの 3 を用いて指数表を作ってみましょう. (mod 7) に関して

$$3^0 \equiv 1, \quad 3^1 \equiv 3, \quad 3^2 \equiv 2, \quad 3^3 \equiv 6, \quad 3^4 \equiv 4, \quad 3^5 \equiv 5$$

ですから

a	1	2	3	4	5	6	(mod 7)
$\mathrm{Ind}_3 a$	0	2	1	4	5	3	(mod 6)

表 3.2

となります. ここで, 注意しなくてはならないことは, a は (mod 7) で考えますが, $\mathrm{Ind}_3 a$ は指数を表しますから (mod 6) で考えることになります.

問 3.2　$p = 13$ の原始根の 1 つは 2 である. このとき, 次の値を求めよ

(1)　$\mathrm{Ind}_2 100$　　　(2)　$\mathrm{Ind}_2(-2)$

3.3 指数の性質

指数の定義のところで対数の表し方に類似していることを示しました．では，その性質に関してはどうでしょうか．

例えば，対数では

$$\log_3(4 \times 5) = \log_3 4 + \log_3 5$$

が成り立ちました．それでは 7 の原始根を 3 としたとき

$$\mathrm{Ind}_3(4 \times 5) \equiv \mathrm{Ind}_3 4 + \mathrm{Ind}_3 5 \pmod{6}$$

が成り立つかどうか調べてみましょう．

表 3.2 より

$$\mathrm{Ind}_3(4 \times 5) \equiv \mathrm{Ind}_3 20 \pmod{6}.$$

ところで，20 は $\pmod 7$ で考えなくてはならないから，$20 \equiv 6 \pmod 7$. よって，

$$\mathrm{Ind}_3(4 \times 5) \equiv \mathrm{Ind}_3 6 \equiv 3 \pmod{6}.$$

一方，

$$\mathrm{Ind}_3 4 + \mathrm{Ind}_3 5 = 4 + 5 \equiv 3 \pmod{6}.$$

したがって，

$$\mathrm{Ind}_3(4 \times 5) \equiv \mathrm{Ind}_3 4 + \mathrm{Ind}_3 5 \pmod{6}$$

は確かに成り立ちます．

一般にも，対数の場合と類似の公式が成り立ちます．

公式 3.6

p は奇素数，g, h は p の原始根で，a, b, n は自然数とする．このとき，次が成り立つ．

(1) $\quad a \equiv b \pmod{p} \quad \Leftrightarrow \quad \mathrm{Ind}_g(a) \equiv \mathrm{Ind}_g(b) \pmod{p-1}$

---

(2)　$\operatorname{Ind}_g(ab) \equiv \operatorname{Ind}_g(a) + \operatorname{Ind}_g(b) \pmod{p-1}$

(3)　$\operatorname{Ind}_g(\frac{a}{b}) \equiv \operatorname{Ind}_g(a) - \operatorname{Ind}_g(b) \pmod{p-1}$

(4)　$\operatorname{Ind}_g(a^n) \equiv n \operatorname{Ind}_g(a) \pmod{p-1}$

(5)　$\operatorname{Ind}_g(h) \operatorname{Ind}_h(a) \equiv \operatorname{Ind}_g(a) \pmod{p-1}$

証明

(1), (2), (4), (5) を示す.

$$\operatorname{Ind}_g(a) = x, \quad \operatorname{Ind}_g(b) = y$$

とおく.

(1) ($\Rightarrow$) 指数の定義から, $a \equiv g^x \pmod{p}$, $b \equiv g^y \pmod{p}$. $a \equiv b \pmod{p}$ であるから, $g^x \equiv g^y \pmod{p}$ すなわち $g^{x-y} \equiv 1 \pmod{p}$. g は原始根であるから $p-1 \mid x-y$. よって, $x \equiv y \pmod{p-1}$.

　($\Leftarrow$) $\operatorname{Ind}_g(a) \equiv \operatorname{Ind}_g(b) \equiv x \pmod{p-1}$ とする. このとき, $g^x \equiv a \pmod{p}$, $g^x \equiv b \pmod{p}$. よって, $a \equiv b \pmod{p}$.

(2) $\operatorname{Ind}_g(ab) = z$ とおくと, $g^z \equiv ab \pmod{p}$. $g^x \equiv a$, $g^y \equiv b \pmod{p}$ であるから,

$$g^z \equiv g^x g^y \equiv g^{x+y} \pmod{p}.$$

(1) より, $z = x+y$ すなわち

$$\operatorname{Ind}_g(ab) \equiv \operatorname{Ind}_g(a) + \operatorname{Ind}_g(b) \pmod{p-1}.$$

(4) $\operatorname{Ind}_g(a^n) = w$ とおく. このとき,

$$g^w \equiv a^n \equiv (g^x)^n \equiv g^{nx} \pmod{p}.$$

(1) より, $w = nx \pmod{p-1}$. よって,

$$\operatorname{Ind}_g(a^n) \equiv n\operatorname{Ind}_g(a) \pmod{p-1}.$$

(5) $\operatorname{Ind}_g(h) = r$, $\operatorname{Ind}_h(a) = s$ とおくと,

$$g^r \equiv h, \quad h^s \equiv a \pmod{p}.$$

よって，$(g^r)^s \equiv h^s \equiv a \pmod{p}$，すなわち $g^{rs} \equiv a \pmod{p}$，したがって，定義から

$$\mathrm{Ind}_g(a) \equiv rs \equiv \mathrm{Ind}_g(h)\mathrm{Ind}_h(a) \pmod{p-1}.$$

□

問 3.3 公式の条件のもとで次を示せ.

$$\mathrm{Ind}_g\left(\tfrac{a}{b}\right) \equiv \mathrm{Ind}_g(a) - \mathrm{Ind}_g(b) \pmod{p-1}.$$

次に上記の公式を用いて合同方程式を解く話に移ります.

3.4 合同方程式への応用

3.4.1 線形合同方程式への応用

p は奇素数とします. いま，線形合同方程式

$$ax \equiv b \pmod{p} \tag{I}$$

を解くことを考えます. ただし，$a \not\equiv 0 \pmod{p}$ とします. この方程式は p が素数なので定理 2.5 より解を持ちます.

g を p の原始根の 1 つとして (I) の両辺の指数をとれば，公式 3.6 (2) より

$$\mathrm{Ind}_g(a) + \mathrm{Ind}_g(x) \equiv \mathrm{Ind}_g(b) \pmod{p-1}$$

となり，この式から

$$\mathrm{Ind}_g(x) \equiv \mathrm{Ind}_g(b) - \mathrm{Ind}_g(a)$$

が得られますから，x を求めることができます.
ここで例をあげておきましょう.

例 3.2

合同方程式 $5x \equiv 3 \pmod 7$ を解け.

解. 7 の原始根の 3 を用いて，与式の両辺の指数をとれば，

$$\mathrm{Ind}_3 5 + \mathrm{Ind}_3 x \equiv \mathrm{Ind}_3 3 \pmod 6.$$

表 3.2 より

$$5 + \mathrm{Ind}_3 x \equiv 1 \pmod 6.$$

よって，

$$\mathrm{Ind}_3 x \equiv -4 \equiv 2 \pmod 6.$$

したがって，求める解は

$$x \equiv 3^2 \equiv 2 \pmod 7.$$

問 3.4　次の合同方程式を指数を用いて解け.

(1)　$5x \equiv 6 \pmod 7$　　(2)　$11x \equiv 5 \pmod{13}$

奇素数を法とする指数表 (指数の値が示されている表) が巻末にあります.それを用いると奇素数を法とする合同方程式がより簡単に解くことができます. 例をあげておきましょう.

例 3.3

次の合同方程式を指数表を用いて解け.

$$35x \equiv 6 \pmod{47}$$

解. 与式の両辺の指数をとる. その際，指数表を用いるので原始根の表記を「$\cdot$」で表す.

$$\mathrm{Ind}.\, 35 + \mathrm{Ind}.\, x \equiv \mathrm{Ind}.\, 6 \pmod{46}.$$

指数表より

$$9 + \text{Ind}. \, x \equiv 2 \quad (\text{mod } 46).$$

よって,

$$\text{Ind}. \, x \equiv -7 \equiv 39 \quad (\text{mod } 46).$$

再び指数表より

$$x \equiv 23 \quad (\text{mod } 47).$$

問 3.5 次の合同方程式を指数表を用いて解け.

(1) $26x \equiv 17 \pmod{31}$ （2） $20x \equiv 13 \pmod{37}$

3.4.2 2次合同方程式への応用

具体例から話を始めます.

──── **例 3.4** ────

2次合同方程式 $5x^2 \equiv 3 \pmod 7$ を解け.

解. $3 \times 5 \equiv 15 \equiv 1 \pmod 7$ なので, 与式の両辺に3を掛ければ

$$x^2 \equiv 2 \quad (\text{mod } 7) \qquad \text{①}$$

となる. 3を原始根として両辺の指数をとれば, 公式 3.6 (4) より

$$2\text{Ind}_3 x \equiv \text{Ind}_3 2 \quad (\text{mod } 6).$$

表 3.2 より

$$2\text{Ind}_3 x \equiv 2 \quad (\text{mod } 6).$$

これは定理 2.5 より解を持つ. 定理 2.4 (2) より

$$\mathrm{Ind}_3 x \equiv 1 \pmod 3.$$

よって,

$$\mathrm{Ind}_3 x \equiv 1, 4 \pmod 6$$

したがって, 求める解は, $3^4 \equiv 4 \pmod 7$ より

$$x \equiv 3, 4 \pmod 7.$$

次に, p は奇素数で $a \not\equiv 0 \pmod p$ とします. このとき

$$ax^2 \equiv b \pmod p \tag{II}$$

の解について考えてみよう.

$b \equiv 0 \pmod p$ のときは, $x \equiv 0 \pmod p$ のみが解になりますから, $a \not\equiv 0$, $b \not\equiv 0 \pmod p$ の場合を考えればよいことになります. ところで,

$$aa' \equiv a'a \equiv 1 \pmod p$$

を満たす整数 a' が存在します (それは $ax - py = 1$ を満たす整数 x, y が存在することより保証されます). そこで, (II) の両辺に a' を掛ければ

$$x^2 \equiv a'b \pmod p$$

の形になりますから, 最初から

$$x^2 \equiv a \pmod p \tag{III}$$

の形の合同方程式を考えればよいことになります. g を p の 1 つの原始根とし, (III) の両辺の指数をとれば

$$2\mathrm{Ind}_g(x) \equiv \mathrm{Ind}_g(a) \pmod{p-1} \tag{IV}$$

となり, 線形合同方程式に帰着します.

合同方程式 (IV) は常に解を持つとは限りません．そこで，(IV) が解を持つための条件ひいては (III) が解を持つための条件を求めてみましょう．

　$(2, p-1) = 2$ ですから，定理 2.5 より

$$2 \mid \mathrm{Ind}_g(a)$$

となります．すなわち，

$$\mathrm{Ind}_g(a) \equiv 0 \pmod 2 \tag{①}$$

が (IV) が解を持つための必要十分条件となります．

① が成り立つとして

$$\mathrm{Ind}_g(a) = 2h \quad (h\ \text{は整数})$$

とすれば，定義から

$$a \equiv g^{2h} \pmod p \tag{②}$$

が得られます．

　ところで，$2 \mid p-1$ ですから，$\frac{p-1}{2}$ は整数になります．② の両辺を $\frac{p-1}{2}$ 乗すれば

$$a^{\frac{p-1}{2}} \equiv g^{(p-1)h} \equiv (g^{(p-1)})^h \pmod p.$$

$g^{p-1} \equiv 1 \pmod p$ より

$$a^{\frac{p-1}{2}} \equiv 1 \pmod p. \tag{③}$$

これが，(IV)（すなわち (III)）が解を持つための必要条件になります．

　逆に，③ が成り立てば，原始根 g を底とし，両辺の指数をとれば

$$\frac{p-1}{2}\mathrm{Ind}_g(a) \equiv 0 \pmod{p-1}.$$

$(2, p-1) = 2$ ですから，$p-1 = 2f$ とおけば

$$f\mathrm{Ind}_g(a) \equiv 0 \pmod{2f}$$

となりますから

$$\mathrm{Ind}_g(a) \equiv 0 \pmod 2$$

すなわち ① が得られます.

以上から (III) が解を持つための条件が得られそれが次の定理になります.

定理 3.7

p は奇素数とし a と p は互いに素とする. このとき, 合同方程式 (III) が解を持つための必要十分条件は

$$a^{\frac{p-1}{2}} \equiv 1 \pmod p$$

である.

次に, 合同方程式 (III) が解を持つとします. このときの解の個数を調べてみましょう.

x_1 を 1 つの解とします. このとき

$$x_1^2 \equiv a \pmod p. \qquad ④$$

x_1 と $\pmod p$ で合同でない解を x_2 とすると

$$x_2^2 \equiv a \pmod p. \qquad ⑤$$

④ から ⑤ を引くと

$$x_1^2 - x_2^2 \equiv a \pmod p$$

すなわち

$$(x_1 - x_2)(x_1 + x_2) \equiv 0 \pmod p$$

となります. x_1 と x_2 は $\pmod p$ で合同ではないから $x_1 + x_2 \equiv 0 \pmod p$, すなわちもう 1 つの解は

$$x_2 \equiv -x_1 \pmod p$$

となります. さらにもう1つ別な解 x_3 持つとすると

$$x_3 \equiv -x_1 \pmod{p}$$

となり, 合同でない異なる解は2個しかないことがわかります.

以上のことをまとめると次になります.

系 3.8

2次合同方程式 (III) は定理 3.6 の条件が満たされるかどうかに従い, ちょうど 2 個の解を持つか, または全く解を持たない. もし $(\bmod p)$ での1つの解を x_1 とするならば, 他方は $-x_1$ である.

いままで, 法 p を奇素数として話を進めてきました. 法が2の場合について考えてみましょう.

$(a, 2) = 1$ とします. このとき, (III) の $x^2 \equiv a$ を法2で見ると, $(a, 2) = 1$ のとき $a \equiv 1 \pmod 2$ なので

$$x^2 \equiv 1 \pmod 2$$

を考えればよいことになります. よって,

$$(x-1)(x+1) \equiv 0 \pmod 2$$

より

$$x \equiv 1 \pmod 2 \quad \text{または} \quad x \equiv -1 \pmod 2$$

となりますが, $1 \equiv -1 \pmod 2$ なので

$$x^2 \equiv a \pmod 2$$

はただ1つの解を持つことになります.

以上のことをまとめると次になります.

系 3.9

$(a, 2) = 1$ のとき合同方程式

$$x^2 \equiv a \pmod 2$$

はただ 1 つの解 $x \equiv 1 \pmod 2$ を持つ.

ここで, 2 次合同方程式の解法についての例をあげておきましょう.

── 例 3.5 ──

次の 2 次合同方程式を解け.

    (1) $x^2 \equiv 2 \pmod{34}$ (2) $2x^2 + 3x + 11 \equiv 0 \pmod{13}$

解.

(1) 解を持つならば x は偶数であるから, $x = 2y$ とおくと, 与式は

$$4y^2 \equiv 2 \pmod{34}.$$

両辺を 2 で割ると

$$2y^2 \equiv 1 \pmod{17}.$$

$2^{\frac{17-1}{2}} = 2^8 \equiv 1 \pmod{17}$ であるから, 系 3.8 より 2 個の解を持つ.
両辺の指数をとると

$$\mathrm{Ind}.\, 2 + 2\,\mathrm{Ind}.\, y \equiv 0 \pmod{16}.$$

指数表より

$$10 + 2\,\mathrm{Ind}.\, y \equiv 0 \pmod{16} \quad \text{すなわち} \quad 2\,\mathrm{Ind}.\, y \equiv 6 \pmod{16}.$$

両辺を 2 で割ると

$$\mathrm{Ind}.\, y \equiv 3 \pmod 8$$

よって,

$$\text{Ind.}\ y \equiv 3, 11 \quad (\text{mod } 16).$$

再び指数表より

$$y \equiv 14, 3 \quad (\text{mod } 17).$$

ところで, $x = 2y$ であるから, 求める解は

$$x \equiv 6, 28 \quad (\text{mod } 34).$$

別解（指数表を用いない方法）

解を持つならば x は偶数であるから, $x = 2y$ とおくと, 与式は

$$4y^2 \equiv 2 \quad (\text{mod } 34)$$

両辺を 2 で割ると

$$2y^2 \equiv 1 \quad (\text{mod } 17). \qquad \text{①}$$

これは系 3.8 より 2 個の解を持つ. ここで ① の両辺を 8 倍すると

$$16y^2 \equiv 8 \quad (\text{mod } 17). \qquad \text{②}$$

一方,

$$17y^2 \equiv 17 \quad (\text{mod } 17). \qquad \text{③}$$

③ − ② より

$$y^2 \equiv 9 \quad (\text{mod } 17) \quad \text{すなわち} \quad (y-3)(y+3) \equiv 0 \quad (\text{mod } 17).$$

これより,

$$y \equiv 3 \quad (\text{mod } 17) \quad \text{または} \quad y \equiv -3 \quad (\text{mod } 17)$$

を得る. $x = 2y$ であるから, 求める解は

$$x \equiv 6 \quad (\text{mod } 34), \quad x \equiv -6 \equiv 28 \quad (\text{mod } 34).$$

(2)　完全平方式を作るために（$A^2 \equiv B$ の形の式を作るために）与式の両辺を 8 倍すると

$$16x^2 + 24x + 10 \equiv 0 \quad (\text{mod } 13)$$

これは

$$(4x + 3)^2 \equiv -1 \equiv 12 \quad (\text{mod } 13)$$

と変形できる．ここで $y = 4x + 3$ とおくと

$$y^2 \equiv 12 \quad (\text{mod } 13)$$

となる．これは系 3.8 より 2 個の解を持つ．

両辺の指数をとると

$$2\,\text{Ind}.\,y \equiv \text{Ind}.\,12 \quad (\text{mod } 12).$$

指数表より

$$2\,\text{Ind}.\,y \equiv 6 \quad (\text{mod } 12)$$

この式の両辺を 2 で割ると

$$\text{Ind}.\,y \equiv 3 \quad (\text{mod } 6).$$

よって，

$$\text{Ind}.\,y \equiv 3, 9 \quad (\text{mod } 12).$$

再び指数表より

$$y \equiv 5, 8 \quad (\text{mod } 13).$$

ところで，$y = 4x + 3$ であるから，

$$4x + 3 \equiv 5, 8 \quad (\text{mod } 13) \quad \text{すなわち} \quad 4x \equiv 2, 5 \quad (\text{mod } 13)$$

を得る．再びそれぞれの式の両辺の指数をとり，指数表で値を求めると

$$\text{Ind}.\,x \equiv 11, 7 \quad (\text{mod } 12).$$

したがって，求める解は指数表より

$$x \equiv 7,\ 11 \pmod{13}.$$

別解（指数表を用いない方法）

与式の両辺を 8 倍すると

$$16x^2 + 24x + 10 \equiv 0 \pmod{13}.$$

これは

$$(4x+3)^2 \equiv -1 \equiv 12 \pmod{13}$$

と変形できる．ここで $y = 4x + 3$ とおくと

$$y^2 \equiv 12 \pmod{13}.$$

これは系 3.8 より 2 個の解を持つ．

$25 \equiv 12 \pmod{13}$ であるから，この式は

$$y^2 \equiv 25 \pmod{13} \quad \text{すなわち} \quad (y-5)(y+5) \equiv 0 \pmod{13}.$$

となる．よって，$y = 4x + 3$ より 2 つの線形合同方程式

$$4x + 3 \equiv 5, \quad 4x + 3 \equiv -5 \pmod{13}$$

を解けばよい．

$4x + 3 \equiv 5 \pmod{13}$ は $4x \equiv 2 \pmod{13}$ となる．この式の両辺を 3 倍すると

$$12x \equiv 6 \pmod{13}. \qquad\qquad ①$$

一方，

$$13x \equiv 13 \pmod{13}. \qquad\qquad ②$$

②−① より

$$x \equiv 7 \pmod{13}$$

を得る. $4x + 3 \equiv -5 \pmod{13}$ についても全く同様にして解くことより $x \equiv 11 \pmod{13}$ を得ることができる. したがって, 求める解は,

$$x \equiv 7, 11 \pmod{13}.$$

問 3.6 次の 2 次合同方程式を解け.

(1) $3x^2 \equiv 2 \pmod 7$

(2) $5x^2 + 3x - 10 \equiv 0 \pmod{13}$

3.4.3 2 項合同式への応用

第 3 章の最後として, **2 項合同式**として知られている

$$ax^n \equiv b \pmod p \tag{V}$$

の解法について簡単に述べましょう. なお, p は奇素数とします. 3.3.1 での (II) の場合と同じ理由で

$$x^n \equiv a \pmod p \tag{VI}$$

の形の合同方程式を考えればよいことになります.

いま, p の 1 つの原始根を g とし (VI) の両辺の指数をとれば

$$n\,\mathrm{Ind}_g(x) \equiv \mathrm{Ind}_g(a) \pmod{p-1}$$

となります.

このとき, $\mathrm{Ind}_g(x)$ が定まり x が求まるためには, $d = (n, p-1)$ とするとき, 定理 2.5 より

$$d \mid \mathrm{Ind}_g(a)$$

であることが必要十分条件であることがわかります．また，もし解を持つならば系 2.6 よりその個数は合同の意味で d 個であることもわかります．以上から次の定理が得られたことになります．

定理 3.10

p を奇素数とするとき，2 項合同式 (VI) が解を持つための必要十分条件は，$d = (n, p-1)$ とするとき，

$$\mathrm{Ind}_g(a) \equiv 0 \pmod{d}$$

である．解があるときは p を法として互いに合同でない解の数は d 個である．

ここで，具体例をあげておきましょう．$n = 2$ のときは 2 次合同方程式ですでに学んでいますので $n \geq 3$ の場合を取り上げます．

例 3.6

次の合同方程式を解け．

     (1) $x^8 \equiv 3 \pmod{13}$ (2) $5x^4 + 1 \equiv 0 \pmod 7$

解.
(1) 与式の両辺の指数をとると

$$8\,\mathrm{Ind}.\,x \equiv \mathrm{Ind}.\,3 \pmod{12}.$$

指数表より

$$8\,\mathrm{Ind}.\,x \equiv 4 \pmod{12} \qquad ①$$

$(8, 4) = 4$ で $4 \mid 4(= \mathrm{Ind}.\,3)$ であるから，定理 3.10 より，4 個の解を持つ．① の両辺を 4 で割ると

$$2\,\mathrm{Ind}.\,x \equiv 1 \pmod 3 \qquad ②$$

89

一方,

$$3\,\mathrm{Ind}.\,x \equiv 3 \quad (\mathrm{mod}\ 3) \qquad\qquad ③$$

なので ③ $-$ ② より

$$\mathrm{Ind}.\,x \equiv 2 \quad (\mathrm{mod}\ 3).$$

よって,

$$\mathrm{Ind}.\,x \equiv 2,\ 5,\ 8,\ 11 \quad (\mathrm{mod}\ 12).$$

再び指数表より

$$x \equiv 4,\ 6,\ 9,\ 7 \quad (\mathrm{mod}\ 13).$$

(2) $3 \times 5 \equiv 15 \equiv 1 \ (\mathrm{mod}\ 7)$ なので, 与式の両辺に 3 を掛ければ

$$x^4 \equiv -3 \equiv 4 \quad (\mathrm{mod}\ 7).$$

両辺の指数をとると

$$4\,\mathrm{Ind}.\,x \equiv \mathrm{Ind}.\,4 \quad (\mathrm{mod}\ 6).$$

指数表より

$$4\,\mathrm{Ind}.\,x \equiv 4 \quad (\mathrm{mod}\ 6) \qquad\qquad ④$$

$(4, 6) = 2$ で $2 \mid 4 (= \mathrm{Ind}.\,4)$ であるから, 定理 3.10 より, 2 個の解を持つ.

　④ の両辺を 2 で割ると

$$2\,\mathrm{Ind}.\,x \equiv 2 \quad (\mathrm{mod}\ 3) \qquad\qquad ⑤$$

一方,

$$3\,\mathrm{Ind}.\,x \equiv 3 \quad (\mathrm{mod}\ 3) \qquad\qquad ⑥$$

なので ⑥ − ⑤ より

$$\text{Ind.}\ x \equiv 1 \pmod 3.$$

よって,

$$\text{Ind.}\ x \equiv 1, 4 \pmod 6.$$

再び指数表より

$$x \equiv 3, 4 \pmod 7.$$

問 3.7 次の合同方程式を解け.

(1) $x^3 \equiv 2 \pmod{31}$ (2) $x^{20} \equiv 3 \pmod{13}$

問 3.8 $a^x \equiv b \pmod p$ の形の方程式は指数（合同）方程式と呼ばれている. 次の指数方程式を解け.

(1) $5^x \equiv 8 \pmod{13}$ (2) $7^x \equiv 3 \pmod{11}$

第 3 章の問の解答

問 3.1 3（例 3.1 のようにして求める）

問 3.2

(1) $100 \equiv 9 \pmod{13}$, $\mathrm{Ind}_2 100 = \mathrm{Ind}_2 9$, $\mathrm{Ind}_2 9 = x$ とおく.

$2^x \equiv 9 \pmod{13}$, $\therefore$ $x = 8$.

(2) $\mathrm{Ind}_2(-2) = x$ とおく. $2^x \equiv -2 \equiv 11 \pmod{13}$, $\therefore$ $x = 7$.

問 3.3 $\mathrm{Ind}_g\left(\frac{a}{b}\right) = u$ とおくと $g^u \equiv \frac{a}{b} \pmod{p}$. $\mathrm{Ind}_g(a) = x$, $\mathrm{Ind}_g(b) = y$ とおくと, $g^x \equiv a$, $g^y \equiv b \pmod{p}$. よって, $g^u \equiv g^{x-y} \pmod{p}$. したがって, $u \equiv x - y \pmod{p-1}$.

問 3.4

(1) 表 3.2 を利用する. 原始根として 3 をとる. 与式の両辺の指数をとれば,

$$\mathrm{Ind}_3 5 + \mathrm{Ind}_3 x \equiv \mathrm{Ind}_3 6 \pmod{6}.$$

表 3.2 より

$$5 + \mathrm{Ind}_3 x \equiv 3 \pmod{6}.$$

よって,

$$\mathrm{Ind}_3 x \equiv -2 \equiv 4 \pmod{6}$$

したがって, 求める解は

$$x \equiv 3^4 \equiv 4 \pmod{7}.$$

(2) 2 は 13 の原始根である.

$$\mathrm{Ind}_2 11 + \mathrm{Ind}_2 x \equiv \mathrm{Ind}_2 5 \pmod{12}.$$

$$7 + \mathrm{Ind}_2 x \equiv 9 \pmod{12}.$$

$$\mathrm{Ind}_2 x \equiv 2 \pmod{12}.$$

$$\therefore \ x \equiv 4 \pmod{13}.$$

問 3.5 (1) $\mathrm{Ind}.\, 26 + \mathrm{Ind}.\, x \equiv \mathrm{Ind}.\, 17 \pmod{30}$.

$5 + \mathrm{Ind}.\, x \equiv 1 \pmod{30}$.

Ind. $x \equiv -4 \equiv 26 \pmod{30}$

∴ $x \equiv 9 \pmod{31}$.

(2) Ind. $20 +$ Ind. $x \equiv$ Ind. $13 \pmod{36}$.

$23 +$ Ind. $x \equiv 13 \pmod{36}$.

Ind. $x \equiv -10 \equiv 26 \pmod{36}$

∴ $x \equiv 21 \pmod{37}$.

問 3.6 (1) $10^3 \not\equiv 1 \pmod 7$. よって, 定理 3.7 より解なし.

(2) $5 \cdot 8 \equiv 1 \pmod{13}$ なので, 与式の両辺を 8 倍すると

$$x^2 - 2x - 2 \equiv 0 \pmod{13}.$$

これを例 3.5 (2) のようにして解くことにより

$$x \equiv 5, 10 \pmod{13}.$$

問 3.7 (1) $x \equiv 4, 7, 20 \pmod{31}$. (2) $x \equiv 4, 6, 7, 9 \pmod{13}$.

問 3.8 (1) 両辺の指数をとると

$$x \text{ Ind. } 5 \equiv \text{ Ind. } 8 \pmod{12}.$$

指数表より

$$9x \equiv 3 \pmod{12} \tag{①}$$

① の両辺を 3 で割ると

$$3x \equiv 1 \pmod 4. \tag{②}$$

一方,

$$4x \equiv 4 \pmod 4 \tag{③}$$

なので ③ − ② より

$$x \equiv 3 \pmod 4.$$

$$∴ \quad x \equiv 3, 7, 11 \pmod{13}.$$

(2) $x \equiv 4 \pmod{10}$.

Chapter

4

平方剰余と相互法則

　ここでは，平方剰余の性質やルジャンドルの記号を用いてオイラーの基準，補充法則さらに初等整数論の輝く宝石と言われている相互法則について分かりやすく解説します．

4.1　平方剰余

　p は奇素数とします．合同方程式

$$x^2 \equiv a \pmod{p}$$

が解を持つとき，**a は法 p の平方剰余**と言い，そうでないとき**平方非剰余**と言います．以下，本節では p は奇素数とします．

　定理 3.7 より，a と p が互いに素のとき，a が p に関して平方剰余になるための必要十分条件は

$$a^{\frac{p-1}{2}} \equiv 1 \pmod{p} \tag{I}$$

であることがわかります．したがって，平方非剰余であるための条件は

$$a^{\frac{p-1}{2}} \not\equiv 1 \pmod{p}$$

になります．

─── 例 4.1 ───

$p = 7$ のとき $a = 1, 2, 3, 4, 5, 6$ のうち平方剰余になるものを求めよ.

解. $\frac{7-1}{2} = 3$ であるから $a^3 \equiv 1 \pmod 7$ を満たす a を求めればよい. $\pmod 7$ において

$$1^3 \equiv 1, \ 2^3 \equiv 1, \ 3^3 \equiv 6, \ 4^3 \equiv 1, \ 5^3 \equiv 6, \ 6^3 \equiv 6$$

であるから, 平方剰余であるものは $1, 2, 4$ の 3 個である.

　上記の例で平方剰余の個数 3 は $6 = (7 - 1)$ を 2 で割った数字になっています. 実はこのことは一般にも言えます. というのは a を平方剰余とすると

$$a \equiv x^2 \equiv (p - x)^2 \pmod p$$

が成り立つからです.

　したがって, 平方剰余は $\frac{p-1}{2}$ に対称であり, $\frac{p-1}{2}$ 個あることになります.

問 4.1　$p = 11$ のとき $a = 1 \sim 10$ のうち平方剰余になるものを求めよ.

　さて, フェルマーの定理より $a^{p-1} \equiv 1 \pmod p$ が成り立ちました.

この式から

$$(a^{\frac{p-1}{2}} - 1)(a^{\frac{p-1}{2}} + 1) \equiv 0 \pmod p$$

が得られるから, $a^{\frac{p-1}{2}} \not\equiv 1 \pmod p$ ならば $a^{\frac{p-1}{2}} \equiv -1 \pmod p$ となり, a が平方非剰余になるための条件は

$$a^{\frac{p-1}{2}} \equiv -1 \pmod p \tag{II}$$

であることがわかります.

　(I) と (II) より次の定理が得られます.

定理 4.1

　a, b は奇素数 p とそれぞれ互いに素である整数とする. このとき, 次が成り立つ.

(1) a, b がともに法 p の平方剰余ならば ab も平方剰余である.

(2) a, b がともに法 p の平方非剰余ならば ab は平方剰余である.

(3) a, b の 1 つが法 p の平方剰余で他が平方非剰余ならば ab は平方非剰余である.

$\boxed{\text{証明}}$

(1) のみを示す. 他も同様である.

a, b がともに法 p の平方剰余であるから (I) より,

$$a^{\frac{p-1}{2}} \equiv 1, b^{\frac{p-1}{2}} \equiv 1 \pmod{p}$$

が成り立つ. よって,

$$a^{\frac{p-1}{2}} b^{\frac{p-1}{2}} \equiv 1 \quad \text{すなわち} \quad (ab)^{\frac{p-1}{2}} \equiv 1 \pmod{p}.$$

よって, ab は平方剰余. □

4.2 ルジャンドルの記号

(I) と (II) から a が法 p の平方剰余かそうでないかにしたがって 1 と -1 になっていることがわかります.

このことを簡明に表すのがこれから述べるルジャンドルの記号になります.

a と奇素数 p は互いに素とします. このとき, a が法 p の**平方剰余のとき**記号 $\left(\dfrac{a}{p}\right)$ **の値を** 1, **平方非剰余のとき**記号 $\left(\dfrac{a}{p}\right)$ **の値を** -1 と定義します. さらに, $p \mid a$ のときは $\left(\dfrac{a}{p}\right) = 0$ と約束します. この記号の表し方を**ルジャンドル (Legendre) の記号**と言います.

例 4.1 の結果をルジャンドルの記号用いて表すと

$$\left(\frac{1}{7}\right) = 1, \ \left(\frac{2}{7}\right) = 1, \ \left(\frac{4}{7}\right) = 1, \ \left(\frac{3}{7}\right) = -1, \ \left(\frac{5}{7}\right) = -1, \ \left(\frac{6}{7}\right) = -1$$

となります.

定理 4.1 よりただちに次が得られます.

系 4.2

a と b は p と互いに素な整数とする. このとき, 次が成り立つ.

(1) $a \equiv b \pmod{p}$ ならば $\left(\dfrac{a}{p}\right) = \left(\dfrac{b}{p}\right)$

(2) $\left(\dfrac{ab}{p}\right) = \left(\dfrac{a}{p}\right)\left(\dfrac{b}{p}\right)$

証明

(1) $a \equiv b \pmod{p}$ なので

$$a^{\frac{p-1}{2}} \equiv b^{\frac{p-1}{2}} \pmod{p}.$$

よって, $\left(\dfrac{a}{p}\right) = \left(\dfrac{b}{p}\right).$

(2) 定理 4.1 より明らか.

$\square$

この系より, 例えば

$$\left(\frac{6}{7}\right) = \left(\frac{2}{7}\right)\left(\frac{3}{7}\right) = 1(-1) = -1$$

のような計算が可能になります.

また, (I) と (II) より, **オイラーの基準**として知られている結果もただちに得られます.

定理 4.3 (オイラーの基準)

a と p は互いに素とする. このとき, 次が成り立つ.

$$\left(\frac{a}{p}\right) \equiv a^{\frac{p-1}{2}} \pmod{p}.$$

ここで, 具体例をあげておきましょう.

―――― 例 4.2 ――――

次の値を求めよ.

$$(1) \quad \left(\frac{9}{11}\right) \qquad (2) \quad \left(\frac{10}{11}\right)$$

解.

(1) $\left(\dfrac{9}{11}\right) = \left(\dfrac{3}{11}\right)\left(\dfrac{3}{11}\right)$, $\left(\dfrac{3}{11}\right)$ の値は 1 あるいは -1 のいずれかなので, $\left(\dfrac{9}{11}\right) = 1$.

(2) $\left(\dfrac{10}{11}\right) = \left(\dfrac{2}{11}\right)\left(\dfrac{5}{11}\right)$. オイラーの基準より, $\left(\dfrac{2}{11}\right) \equiv 2^5 \pmod{11}$.

$2^5 \equiv -1 \pmod{11}$ だから, $\left(\dfrac{2}{11}\right) = -1$.

次に, $\left(\dfrac{5}{11}\right)$ を求める. $\left(\dfrac{5}{11}\right) \equiv 5^5 \pmod{11}$. ところで, $5^2 \equiv 3 \pmod{11}$ なので, $5^5 = (5^2)^2 \cdot 5 \equiv 3^2 \cdot 5 \equiv 1 \pmod{11}$. よって, $\left(\dfrac{10}{11}\right) = (-1)(1) = -1$.

問 4.2 次の値を求めよ.

$$(1) \quad \left(\frac{8}{11}\right) \qquad (2) \quad \left(\frac{2}{13}\right)$$

問 4.3 オイラーの基準を用いて, 合同方程式

$$x^2 + 2x - 2 \equiv 0 \pmod{7}$$

は解を持たないことを示せ.

4.3　第一補充法則, 第二補充法則

オイラーの基準で, $a = -1$ とおくことによって, 平方剰余に関する**第一補充法則**と呼ばれている次の定理が得られます.

定理 4.4 (第一補充法則)

$$\left(\frac{-1}{p}\right) = (-1)^{\frac{p-1}{2}}.$$

証明

(I) と (II) により，a が法 p に関する平方剰余か平方非剰余かにしたがって，

$$a^{\frac{p-1}{2}} \equiv 1 \quad \text{あるいは} \quad -1 \pmod{p}.$$

前者の場合は $p \equiv 1 \pmod 4$，後者の場合は $p \equiv 3 \pmod 4$ である.

よって，これらをまとめると $(-1)^{\frac{p-1}{2}}$ と書くことができるから求める結果を得る.

□

次の目標は $\left(\dfrac{2}{p}\right)$ の値を決定することです. 最初にそのための準備をします. それは**ガウスの予備定理**として知られているものです.

定理 4.5 (ガウスの予備定理)

a と p は互いに素とする. このとき

$$1 \cdot a, \quad 2 \cdot a, \quad 3 \cdot a, \quad \cdots, \quad \frac{p-1}{2} \cdot a \tag{III}$$

を p で割ったときの剰余の中に $\frac{p}{2}$ より大きいものが n 個あれば

$$\left(\frac{a}{p}\right) = (-1)^n$$

である.

証明

ある数 a を p で割った剰余が $\dfrac{p}{2}$ より大きいならば，それから p を引けば，絶対値において $\dfrac{p}{2}$ より小さい負の剰余を得る. このような集合を「p を法とする a の**絶対値最小剰余**」と呼ぶことにする. よって，定理の n は (III) の数を p で割るときの絶対値最小剰余の中の負であるものの数である.

例えば, $a = 3$, $p = 13$ とすると

$$1 \cdot 3, \ 2 \cdot 3, \ 3 \cdot 3, \ 4 \cdot 3, \ 5 \cdot 3, \ 6 \cdot 3$$

を $(\mathrm{mod}\ 13)$ でみると

$$3, \ 6, \ 9, \ 12, \ 2, \ 5$$

となる. $\dfrac{13}{2}$ より大きい数から 13 を引くと

$$3, \ 6, \ -4, \ -1, \ 2, \ 5$$

となるから, $n = 2$ となる.

(III) の数のうちの 2 つの和も差も p で割り切れないから, 絶対値最小剰余として相等しいものはもちろんのこと, 符号だけが反対なものも出てこない. すなわち全体としてみれば, 絶対値最小剰余は絶対値において, $1, \ 2, \ 3, \ \cdots, \ \dfrac{p-1}{2}$ に等しくてその中のいくつかが負になる. その負になるものの数を n とすれば

$$1a \cdot 2a \cdot 3a \cdot \cdots \cdot \frac{p-1}{2}a \equiv (-1)^n 1 \cdot 2 \cdot 3 \cdot \cdots \cdot \frac{p-1}{2} \quad (\mathrm{mod}\ p). \qquad ①$$

例えば, 上記の $a = 3$, $p = 13$ の場合では

$$3 \cdot 6 \cdot 9 \cdot 12 \cdot 2 \cdot 5 \equiv (-1)^2 1 \cdot 2 \cdot 3 \cdot 4 \cdot 5 \cdot 6 \quad (\mathrm{mod}\ 13).$$

となる.

① の左辺は

$$1 \cdot 2 \cdot 3 \cdot \cdots \cdot \frac{p-1}{2} \cdot a^{\frac{p-1}{2}}$$

となるから

$$a^{\frac{p-1}{2}} \equiv (-1)^n \quad (\mathrm{mod}\ p).$$

を得る. オイラーの基準によって

$$\left(\frac{a}{p}\right) \equiv (-1)^n \quad (\mathrm{mod}\ p).$$

$\left(\dfrac{a}{p}\right)$ も $(-1)^n$ も ± 1 に等しく p は奇数であるから

$$\left(\frac{a}{p}\right) = (-1)^n. \qquad \square$$

　この補助定理から，第二補充法則として知られている次の定理を得ることができます．

定理 4.6 (第二補充法則)

$$\left(\frac{2}{p}\right) = (-1)^{\frac{p^2-1}{8}}$$

証明

$1 \cdot a,\ 2 \cdot a,\ 3 \cdot a,\ \cdots,\ \dfrac{p-1}{2}a$ において
$a = 2$ とすると

$$2,\ 4,\ 6,\ \cdots,\ \frac{p-1}{2} \cdot 2 \tag{IV}$$

となる．ここで，ガウスの予備定理を用いることを考える．そこで，予備定理の証明の中で示してあるような絶対値最小剰余を作る．

　このとき，(IV) の数字はすべて偶数であるから，$\dfrac{p}{2}$ より小さい負の剰余は (p は奇数なので奇数引く偶数より) すべて奇数になる．

　その個数を n とするとガウスの予備定理より

$$\left(\frac{2}{p}\right) = (-1)^n \tag{①}$$

となる．

　n は絶対値において $1,\ 3,\ 5,\ \cdots$ の中で $\dfrac{p}{2}$ より小さいものの数である．

　ところで，$(-1)^n$ の値を決めるためには n が偶数か奇数であることがわかればよいので

$$n \equiv 1 + 3 + 5 + \cdots \pmod 2$$

としてよい．ただし，右辺の和は $\dfrac{p}{2}$ より小さい奇数の和である．この和の末項が $\dfrac{p-1}{2}$ であるるかないかを確かめるまでもなく，2 が法なので 2 の倍数は 0 となるから

$$n \equiv 1 + 2 + 3 + \cdots + \frac{p-1}{2} \pmod 2$$

を求めればよい．この式から

$$n \equiv \frac{1}{2}\frac{p-1}{2}\left(\frac{p-1}{2}+1\right) = (-1)^{\frac{p^2-1}{8}} \quad (\mathrm{mod}\ 2)$$

を得る．したがって，

$$\left(\frac{2}{p}\right) = (-1)^{\frac{p^2-1}{8}}$$

が示された． □

 p は奇素数なので，$p = 8n+1$，$p = 8n+3$，$p = 8n+5$，$p = 8n+7$ （n は整数）と書くことができます．よって，定理 4.6 よりただちに次を得ることができます．

系 4.7

$$\left(\frac{2}{p}\right) = \begin{cases} 1 & (p \equiv 1 \quad \text{あるいは} \quad p \equiv 7 \quad (\mathrm{mod}\ 8)) \\ -1 & (p \equiv 3 \quad \text{あるいは} \quad p \equiv 5 \quad (\mathrm{mod}\ 8)) \end{cases}$$

 この系を用いることによって，例えば $\left(\dfrac{2}{107}\right)$ の値は，$107 \equiv 3\ (\mathrm{mod}\ 8)$ だから，ただちに -1 であることがわかります．

4.4 相互法則

 これから述べます相互法則は文献 [2, p.161] の中で「これは，ある条件のもとで法と剰余が入れ替わるという不思議な定理で，初等整数論の中の輝く宝石である．」と述べられています．また，同じ文献で，「ガウスが 19 歳のときにこれを証明し，生涯で 7 通りの証明を発表し，現在では数十通りの証明がある」ことなどが述べられています．

定理 4.8 (相互法則)
p, q は異なる奇素数とする．このとき，次が成り立つ．

$$\left(\frac{p}{q}\right)\left(\frac{q}{p}\right) = (-1)^{\frac{p-1}{2}\cdot\frac{q-1}{2}}.$$

　文献 [1.p.76] に「次に掲げるのは，相互法則の多くの証明のなかで，最も簡明なものである.」と記されていることもあり，ここでは文献 [1] に基づく証明を与えることにします.

証明

　最初に $\left(\dfrac{q}{p}\right)$ について考察する.

　x を 1 から $\dfrac{p-1}{2}$ まで変えて，積 xq すなわち

$$1 \cdot q, \quad 2 \cdot q, \quad 3 \cdot q, \quad \cdots, \quad \frac{p-1}{2}q$$

を作る. これを p で割って絶対値最小剰余を求めガウスの補題を用いる.

　例えば，$p = 13$, $q = 11$ のときは次のようになる.

$$1 \cdot 11, \ 2 \cdot 11, \ 3 \cdot 11, \ 4 \cdot 11, \ 5 \cdot 11, \ 6 \cdot 11$$

を $(\mathrm{mod}\ 13)$ で考え，$\dfrac{13}{2}$ より大きい数字から 13 を引くと，絶対値最小剰余は

$$-2, \ -4, \ -6, \ 5, \ 3, \ 1$$

となる. 負の数の個数は 3 であるから，ガウスの補題より $\left(\dfrac{11}{13}\right) = (-1)^3 = -1$ となる.

　この例からわかるように，qx を p で割ったときの絶対値最小剰余を r とすると

$$xq = py + r \quad \left(-\frac{p}{2} < r < \frac{p}{2}\right) \qquad ①$$

と書くことができる. $-\dfrac{p}{2} < r < \dfrac{p}{2}$ であり $r = xq - py$ であるから

$$-\frac{p}{2} < xq - py < \frac{p}{2}$$

となる. r が負になるのは

$$-\frac{p}{2} < xq - py < 0$$

のときである．この不等式から

$$\frac{q}{p}x < y < \frac{q}{p}x + \frac{1}{2} \quad \left(1 \le x \le \frac{p-1}{2}\right) \qquad \text{②}$$

を得る．この不等式を満たす整数 x, y の組の個数を m とすれば，ガウスの補題より

$$\left(\frac{q}{p}\right) \equiv (-1)^m$$

である．例えば，$p = 13$, $q = 11$ のとき

$$\frac{11}{13}x < y < \frac{11}{13}x + \frac{1}{2} \quad (1 \le x \le 6)$$

を満たす整数 x, y の組は

$$(x, y) = (1, 1), \quad (2, 2), \quad (3, 3) \qquad \text{③}$$

であるから

$$\left(\frac{11}{13}\right) = (-1)^3 = -1$$

となる．このことは，$11x = 13y + r$ に③を代入すると，それぞれ

$$11 = 13 + (-2), \quad 22 = 26 + (-4), \quad 33 = 39 + (-6)$$

であることから確認できる．

次に，$y = 1, 2, \cdots, \dfrac{q-1}{2}$ として，

$$-\frac{q}{2} < py - qx < \frac{q}{2}$$

を満たす整数 x を考え，上と同様に論じることにより不等式

$$\frac{q}{p}\left(x - \frac{1}{2}\right) < y < \frac{q}{p}x \quad \left(\frac{1}{2} \le x \le \frac{p+1}{2}\right) \qquad \text{④}$$

を得る．

この不等式を満たす整数 x, y の組の個数を n とすれば，ガウスの補題より

$$\left(\frac{p}{q}\right) = (-1)^n$$

である．よって，

$$\left(\frac{p}{q}\right)\left(\frac{q}{p}\right) = (-1)^{m+n}.$$

したがって，相互法則

$$\left(\frac{p}{q}\right)\left(\frac{q}{p}\right) = (-1)^{\frac{p-1}{2}\cdot\frac{q-1}{2}}$$

を証明するためには

$$m + n \equiv \frac{p-1}{2}\cdot\frac{q-1}{2} \pmod 2$$

を示せばよいことになる．そこで，$m + n$ を図を利用して調べることにする．そのために不等式 ②，④ を表す領域を座標平面上に図示する．
そこで，原点を O, 座標 $\left(\frac{1}{2}, 0\right)$, $\left(\frac{p+1}{2}, \frac{q}{2}\right)$, $\left(\frac{p+1}{2}, 0\right)$, $\left(\frac{p}{2}, \frac{q+1}{2}\right)$, $\left(0, \frac{1}{2}\right)$, $\left(0, \frac{q+1}{2}\right)$, $\left(\frac{p}{2}, \frac{q}{2}\right)$, $\left(\frac{p+1}{2}, \frac{q+1}{2}\right)$ の点をそれぞれ A, B, C, D, E, F, G, H で表す．

原点 O と点 G を結ぶ直線（線分）

$$y = \frac{q}{p}x \quad \left(0 \le x \le \frac{p}{2}\right)$$

を y 軸方向に $\frac{1}{2}$ だけ平行移動した直線（線分）

$$y = \frac{q}{p}x + \frac{1}{2} \quad \left(0 \le x \le \frac{p}{2}\right)$$

を ED とする．このとき，不等式 ② の表す領域は平行四辺形 OGDE の内部である（図 4.1 参照）．

不等式 ② を満たす整数の組 (x, y) とこの平行四辺形の内部の格子点（x 座標も y 座標も整数である点）は 1 対 1 に対応するから，平行四辺形 OGDE の内部の格子点の総数は m である．

次に，直線 OG を，x 軸方向に $\frac{1}{2}$ だけ平行移動した直線

$$y = \frac{q}{p}(x - \frac{1}{2}) \quad \left(\frac{1}{2} \le x \le \frac{p+1}{2}\right)$$

を AB とする（図 4.1 参照）．このとき，上記と同様の理由から，平行四辺形 OABG の内部にある格子点の総数は n である．以上から $m+n$ は 2 つの平行四辺形の内部の格子点の総数であることがわかる．

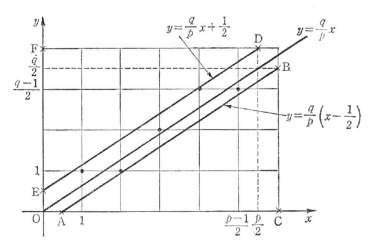

図 4.1: 『数論入門 改訂版』（北村 泰一 著, 槙書店, 1986）P.102 より

いま一辺の長さが $\frac{1}{2}$ である正方形 GBHD を付け加えて六角形 OABHDE を作る．このとき，その内部の格子点の数もやはり $m+n$ である．

ところで，三角形 EDF, ABC は同数の格子点を含む．それを k とすると，長方形 OCHF 内の格子点の総数は

$$m+n+2k$$

である．一方，明らかに長方形 OCHF 内の格子点の総数は

$$\frac{p-1}{2} \cdot \frac{q-1}{2}$$

である．よって，

$$m+n \equiv \frac{p-1}{2} \cdot \frac{q-1}{2} \pmod 2$$

が示され，定理の証明は完了した．

□

$\dfrac{p-1}{2} \cdot \dfrac{q-1}{2}$ が偶数になるのは $p,\ q$ のいずれかが $4k+1$ の形の素数であり，奇数となるのは $p,\ q$ のいずれも $4k+3$ の形の素数であることに注意すれば，より利用しやすい次の結果が得られます.

系 4.9

(1) $\left(\dfrac{q}{p}\right) = (-1)^{\frac{p-1}{2} \cdot \frac{q-1}{2}} \left(\dfrac{p}{q}\right).$

(2) $\left(\dfrac{q}{p}\right) = \begin{cases} \left(\dfrac{p}{q}\right) & (p \equiv 1 \quad \text{あるいは} \quad q \equiv 1 \pmod 4) \\[2mm] -\left(\dfrac{p}{q}\right) & (p \equiv 3 \quad \text{かつ} \quad q \equiv 3 \pmod 4) \end{cases}$

—— 例 4.3——

$\left(\dfrac{365}{997}\right)$ を求めよ.

解.　$365 = 5 \times 73$ で，997 は素数であるから

$$\left(\frac{365}{997}\right) = \left(\frac{5}{997}\right)\left(\frac{73}{997}\right). \qquad (系 4.2)$$

$5, 73$ はいずれも $4k+1$ の形の素数であるから

$$= \left(\frac{997}{5}\right)\left(\frac{997}{73}\right) \qquad (系 4.9(2))$$

$997 \equiv 2 \pmod 5,\ 997 \equiv 48 \pmod{73}$ なので

$$= \left(\frac{2}{5}\right)\left(\frac{48}{73}\right) = \left(\frac{2}{5}\right)\left(\frac{2}{73}\right)\left(\frac{2}{73}\right)\left(\frac{2}{73}\right)\left(\frac{2}{73}\right)\left(\frac{3}{73}\right)$$

$$= \left(\frac{2}{5}\right)\left(\frac{3}{73}\right) \qquad \left(\left(\frac{2}{73}\right)^2 = 1\right)$$

$$= (-1)^{\frac{25-1}{8}} \left(\frac{73}{3}\right) \qquad (定理 4.6,\ 系 4.9(1))$$

$$= (-1)^3 \left(\frac{1}{3}\right) = -1.$$

問 4.4 次の値を求めよ.

(1) $\left(\dfrac{15}{23}\right)$ (2) $\left(\dfrac{503}{773}\right)$ (3) $\left(\dfrac{-100}{11}\right)$

4.5 ヤコビの記号

相互法則では p, q は異なる奇素数でした. それでは, p, q が必ずしも奇素数とは限らないとき相互法則に類するものが成り立つだろうか. 次にこのことについて考えてみよう. 用語の定義から話を始めます.

$m(>1)$ を奇数とし, a は m と互いに素な整数とします.

m の素因数分解を $p_1 p_2 \cdots p_k$ とするとき

$$\left(\frac{a}{m}\right) = \left(\frac{a}{p_1}\right)\left(\frac{a}{p_2}\right)\cdots\left(\frac{a}{p_k}\right)$$

と定義します. これは**ヤコビ (Jacobi) の記号**と呼ばれています.

ここに, 右辺の各 $\left(\dfrac{a}{p_i}\right)$ はルジャンドルの記号で, p_i に重複するものがあってもよく, なお, $(a, m) > 1$ のときは $\left(\dfrac{a}{m}\right) = 0$ と約束します.

この定義より, 次の定理がただちに得られます.

定理 4.10

(1) $a \equiv b \pmod{m}$ ならば $\left(\dfrac{a}{m}\right) = \left(\dfrac{b}{m}\right)$.

(2) $\left(\dfrac{1}{m}\right) = 1$.

(3) $\left(\dfrac{ab}{m}\right) = \left(\dfrac{a}{m}\right)\left(\dfrac{b}{m}\right)$.

証明

(3) のみを示す.

$m = p_1 p_2 \cdots p_k$ との素因数分解されているとする. このとき, ヤコビの記

号の定義から

$$\left(\frac{ab}{m}\right) = \left(\frac{ab}{p_1}\right)\left(\frac{ab}{p_2}\right)\cdots\left(\frac{ab}{p_k}\right)$$
$$= \left(\frac{a}{p_1}\right)\left(\frac{b}{p_1}\right)\left(\frac{a}{p_2}\right)\left(\frac{b}{p_2}\right)\cdots\left(\frac{a}{p_k}\right)\left(\frac{b}{p_k}\right)$$
$$= \left(\frac{a}{p_1}\right)\left(\frac{a}{p_2}\right)\cdots\left(\frac{a}{p_k}\right)\left(\frac{b}{p_1}\right)\left(\frac{b}{p_2}\right)\cdots\left(\frac{b}{p_k}\right)$$
$$= \left(\frac{a}{m}\right)\left(\frac{b}{m}\right).$$

□

第一，第二補充法則に相当するのが次の定理になります.

定理 4.11

(1)　$\left(\dfrac{-1}{m}\right) = (-1)^{\frac{m-1}{2}}$

(2)　$\left(\dfrac{2}{m}\right) = (-1)^{\frac{m^2-1}{8}}$

証明

(1) a, b を奇数とすれば，

$$(a-1)(b-1) \equiv 0 \pmod 4.$$

ここで，$(a-1)(b-1) = ab - 1 - a + 1 - b + 1$ であることに注意すれば，

$$ab - 1 \equiv a - 1 + b - 1 \pmod 4.$$

よって，

$$\frac{ab-1}{2} \equiv \frac{a-1}{2} + \frac{b-1}{2} \pmod 2.$$

c を奇数とすると

$$\frac{abc-1}{2} \equiv \frac{a-1}{2} + \frac{bc-1}{2} \pmod 2$$

となるから，上記の 2 つの等式から

$$\frac{abc-1}{2} \equiv \frac{a-1}{2} + \frac{b-1}{2} + \frac{c-1}{2} \pmod 2$$

を得る.

a, b, c 等の因数がいくつあっても同様である.

$m = p_1 p_2 \cdots p_k$ との素因数分解されているとする.

$$\left(\frac{-1}{m}\right) = \left(\frac{-1}{p_1}\right)\left(\frac{-1}{p_2}\right)\cdots\left(\frac{-1}{p_k}\right) = (-1)^{\frac{p_1-1}{2}+\frac{p_2-1}{2}+\cdots+\frac{p_k-1}{2}}$$

$$\equiv (-1)^{\frac{p_1 p_2 \cdots p_k - 1}{2}} = (-1)^{\frac{m-1}{2}} \pmod 2$$

よって,

$$\left(\frac{-1}{m}\right) = (-1)^{\frac{m-1}{2}}.$$

(2) a, b を奇数とすると

$$(a^2 - 1)(b^2 - 1) \equiv 0 \pmod{16}.$$

となるから，(1) の証明と同様にして

$$a^2 b^2 - 1 \equiv a^2 - 1 + b^2 - 1 \pmod{16}.$$

となるから,

$$\frac{a^2 b^2 - 1}{8} \equiv \frac{a^2 - 1}{8} + \frac{b^2 - 1}{8} \pmod 2.$$

を得る. a, b 等の因数がいくつあっても同様である.

$m = p_1 p_2 \cdots p_k$ との素因数分解されているとすると,

$$\left(\frac{2}{m}\right) = \left(\frac{2}{p_1}\right)\left(\frac{2}{p_2}\right)\cdots\left(\frac{2}{p_k}\right) = (-1)^{\frac{p_1^2-1}{8}+\frac{p_2^2-1}{8}+\cdots+\frac{p_k^2-1}{8}}$$

$$\equiv (-1)^{\frac{(p_1 p_2 \cdots p_k)^2 - 1}{8}} = (-1)^{\frac{m^2-1}{8}} \pmod 2.$$

よって,

$$\left(\frac{2}{m}\right) = (-1)^{\frac{m^2-1}{8}}. \qquad \square$$

4.6 合成数に関する平方剰余

相互法則に対応して次が成り立ちます.

定理 4.12

m と n は互いに素な正の奇数とすれば，

$$\left(\frac{m}{n}\right)\left(\frac{n}{m}\right) = (-1)^{\frac{m-1}{2}\cdot\frac{n-1}{2}}$$

が成り立つ.

証明

　最初に $m = p_1 p_2 p_3,\; n = q_1 q_2$ と素因数分解されているとする.

$$\left(\frac{n}{m}\right) = \left(\frac{n}{p_1}\right)\left(\frac{n}{p_2}\right)\left(\frac{n}{p_3}\right) = \left(\frac{q_1 q_2}{p_1}\right)\left(\frac{q_1 q_2}{p_2}\right)\left(\frac{q_1 q_2}{p_3}\right)$$
$$= \left(\frac{q_1}{p_1}\right)\left(\frac{q_2}{p_1}\right)\left(\frac{q_1}{p_2}\right)\left(\frac{q_2}{p_2}\right)\left(\frac{q_1}{p_3}\right)\left(\frac{q_2}{p_3}\right).$$

同様にして

$$\left(\frac{m}{n}\right) = \left(\frac{p_1}{q_1}\right)\left(\frac{p_2}{q_1}\right)\left(\frac{p_3}{q_1}\right)\left(\frac{p_1}{q_2}\right)\left(\frac{p_2}{q_2}\right)\left(\frac{p_3}{q_2}\right).$$

よって，

$$\left(\frac{n}{m}\right)\left(\frac{m}{n}\right)$$
$$= \left(\frac{q_1}{p_1}\right)\left(\frac{p_1}{q_1}\right)\left(\frac{q_2}{p_1}\right)\left(\frac{p_1}{q_2}\right)\left(\frac{q_1}{p_2}\right)\left(\frac{p_2}{q_1}\right)\left(\frac{q_2}{p_2}\right)\left(\frac{p_2}{q_2}\right)\left(\frac{q_1}{p_3}\right)\left(\frac{p_3}{q_1}\right)\left(\frac{q_2}{p_3}\right)\left(\frac{p_3}{q_2}\right)$$
$$= (-1)^t$$

とおくと，相互法則により

$$t = \frac{p_1-1}{2}\cdot\frac{q_1-1}{2} + \frac{p_1-1}{2}\cdot\frac{q_2-1}{2} + \frac{p_2-1}{2}\cdot\frac{q_1-1}{2} + \frac{p_2-1}{2}\cdot\frac{q_2-1}{2}$$
$$\qquad + \frac{p_3-1}{2}\cdot\frac{q_1-1}{2} + \frac{p_3-1}{2}\cdot\frac{q_2-1}{2}$$
$$= \frac{p_1-1}{2}\left(\frac{q_1-1}{2} + \frac{q_2-1}{2}\right) + \frac{p_2-1}{2}\left(\frac{q_1-1}{2} + \frac{q_2-1}{2}\right) + \frac{p_3-1}{2}\left(\frac{q_1-1}{2} + \frac{q_2-1}{2}\right)$$
$$= \left(\frac{q_1-1}{2} + \frac{q_2-1}{2}\right)\left(\frac{p_1-1}{2} + \frac{p_2-1}{2} + \frac{p_3-1}{2}\right)$$
$$\equiv \frac{q_1 q_2-1}{2}\cdot\frac{p_1 p_2 p_3-1}{2} \pmod 2.$$

よって，

$$\left(\frac{m}{n}\right)\left(\frac{n}{m}\right) = (-1)^{\frac{m-1}{2}\cdot\frac{n-1}{2}}.$$

一般の場合も全く同様である. □

$\left(\dfrac{m}{n}\right)^2 = 1$ であることに注意すれば, 定理 4.12 より次がただちに得られます.

系 4.13

$$\left(\frac{n}{m}\right) = (-1)^{\frac{m-1}{2}\cdot\frac{n-1}{2}}\left(\frac{m}{n}\right)$$

定理 4.12 および系 4.13 は条件が正の奇数なので相互法則より, より広く利用することができます.

── 例 4.4 ──

$\left(\dfrac{-286}{365}\right)$ を求めよ.

解. $-286 = (-1)\cdot 2\cdot 11\cdot 13$ であるから

$$\left(\frac{-286}{365}\right) = \left(\frac{-1}{365}\right)\left(\frac{2}{365}\right)\left(\frac{11}{365}\right)\left(\frac{13}{365}\right) \qquad \text{(定理 4.10(3))}$$

$$= \left(\frac{-1}{365}\right)\left(\frac{2}{365}\right)\left(\frac{365}{11}\right)\left(\frac{365}{13}\right) \qquad \text{(系 4.13)}$$

$365 \equiv 2 \pmod{11}$, $365 \equiv 1 \pmod{13}$ なので

$$= \left(\frac{-1}{365}\right)\left(\frac{2}{365}\right)\left(\frac{2}{11}\right)\left(\frac{1}{13}\right)$$

定理4.11(1)(2)より

$$= (-1)^{\frac{365-1}{2}}(-1)^{\frac{365^2-1}{8}}(-1)^{\frac{11^2-1}{8}}\cdot 1$$

$$= 1.$$

問 4.5　次の値を求めよ.

$$(1)\quad \left(\frac{10}{49}\right) \qquad (2)\quad \left(\frac{584}{1827}\right)$$

4.1 節で p が奇素数のとき, $\left(\dfrac{1}{p}\right)$, $\left(\dfrac{2}{p}\right)$, …, $\left(\dfrac{p-1}{p}\right)$ のうち半分が 1, 残りの半分が -1 であることを述べました. これと同様なことがヤコビの記

号についても成り立つことが知られています ([1]).

　最後にそれについて述べましょう.

定理 4.14

　$m\,(>1)$ は奇数で平方数でないならば,m を法とする $\varphi(m)$ 個の既約類のうち,半数に属する n に対して $\left(\dfrac{n}{m}\right)=1$,他の半数に対しては $\left(\dfrac{n}{m}\right)=-1$ である.

　定理の証明に入る前に内容を例示しておきましょう.

　法 15 の場合を考えてみます.法 15 の既約類の代表として

$$1,\ 2,\ 4,\ 7,\ 8,\ 11,\ 13,\ 14$$

をとります.$\varphi(15)=8$ ですから上記の 8 個になります.

　いま,$\left(\dfrac{8}{15}\right)$ の値を求めてみます.

$$\left(\frac{8}{15}\right)=\left(\frac{8}{3}\right)\left(\frac{8}{5}\right)=\left(\frac{2}{3}\right)\left(\frac{2}{3}\right)^2\left(\frac{2}{5}\right)\left(\frac{2}{5}\right)^2=\left(\frac{2}{3}\right)\left(\frac{2}{5}\right)$$
$$=(-1)(-1)=1.$$

　このようにして他の値を求めると

$\left(\dfrac{1}{15}\right),\left(\dfrac{2}{15}\right),\left(\dfrac{4}{15}\right),\left(\dfrac{8}{15}\right)$ は 1 であり,$\left(\dfrac{7}{15}\right),\left(\dfrac{11}{15}\right),\left(\dfrac{13}{15}\right),\left(\dfrac{14}{15}\right)$ の値は -1 になり,ちょうど半々ずつあることがわかります.

　それでは定理の証明に入りましょう.なお,証明は文献 [1.(p.85)] によります.

【証明】

　m を法とする同一の既約類に属する n に対しては,定理 4.10 より,$\left(\dfrac{n}{m}\right)$ の値は一定であることがわかる.

　いま,$\varphi(m)$ 個の既約類の代表を $\left(\dfrac{n}{m}\right)$ の値によって,1 の組と -1 の組に分けて

$$\left(\frac{a}{m}\right)=1\,の組:\quad a_1,\,a_2,\,\cdots,\,a_r$$

$$\left(\frac{a}{m}\right) = -1 \text{ の組}: \quad b_1, \, b_2, \, \cdots, \, b_s$$

になったとする．ここで，前者の組を＋(プラス)の組，後者の組を－(マイナス)の組と呼ぶことにする．

$a \equiv 1 \pmod{m}$ である a などに対して，$\left(\frac{a}{m}\right) = \left(\frac{1}{m}\right) = 1$ であるから，＋の組は空でない．また，仮定により m は平方数でないから，－の組も空でない．

実際，q を m の中に奇数巾 (q^k のとき k は奇数) のものとして含まれている1つの奇数とする．そこで，

$$m = q^{2k+1}m', \quad (m', q) = 1$$

とおく．このとき，q の平方非剰余の1つを b_0 とし，

$$b \equiv b_0 \pmod{q}, \qquad b \equiv 1 \pmod{m'}$$

によって，b を決定すると

$$
\begin{aligned}
\left(\frac{b}{m}\right) &= \left(\frac{b}{q^{2k+1}m'}\right) = \left(\frac{b}{q^{2k+1}}\right)\left(\frac{b}{m'}\right) = \left(\frac{b}{q^{2k}}\right)\left(\frac{b}{q}\right)\left(\frac{b}{m'}\right) \\
&= \left(\frac{b}{q}\right)^{2k}\left(\frac{b}{q}\right)\left(\frac{b}{m'}\right) = \left(\frac{b}{q}\right)\left(\frac{b}{m'}\right) = \left(\frac{b_0}{q}\right)\left(\frac{b}{m'}\right) = \left(\frac{b_0}{q}\right)\left(\frac{1}{m'}\right) \\
&= (-1)\cdot 1 = -1
\end{aligned}
$$

となるから，$\left(\frac{b}{m}\right)$ は－の組に属し，空ではない．
このような b は－の組の代表になる．

例えば，$m = 105 = 3^3 \cdot 5$ のとき，$b_0 = 2$ とし，

$$b \equiv 2 \pmod 3, \quad b \equiv 1 \pmod 5$$

を満たす b として $b = 11$ をとると

$$
\begin{aligned}
\left(\frac{11}{3^3 5}\right) &= \left(\frac{11}{3^3}\right)\left(\frac{11}{5}\right) = \left(\frac{11}{3}\right)\left(\frac{11}{3}\right)\left(\frac{11}{3}\right)\left(\frac{11}{5}\right) \\
&= \left(\frac{11}{3}\right)^2\left(\frac{11}{3}\right)\left(\frac{11}{5}\right) = \left(\frac{11}{3}\right)\left(\frac{11}{5}\right) = \left(\frac{2}{3}\right)\left(\frac{1}{5}\right) \\
&= (-1)\cdot 1 = -1
\end{aligned}
$$

となり，$m = 105$ のとき確かに $-$ の組は空でないことがわかる.

いま，$b_1, b_2, \cdots, b_s$ の中の任意の 1 つを b と書く．それを上記代表の各数に掛けるならば

$$ba_1, ba_2, \cdots, ba_r$$

$$bb_1, bb_2, \cdots, bb_s$$

となり，これらは合わせてやはり既約類の代表の 1 組である.

さて，a_i, b_i をそれぞれ＋の組，$-$ の組の任意の数とすると

$$\left(\frac{ba_i}{m}\right) = \left(\frac{b}{m}\right)\left(\frac{a_i}{m}\right) = -1,$$

$$\left(\frac{bb_i}{m}\right) = \left(\frac{b}{m}\right)\left(\frac{b_i}{m}\right) = +1$$

となるので＋の組と $-$ の組とが入れ替わる．したがって，$r = s = \frac{\varphi(m)}{2}$.
これで定理証明は完了した.

$\square$

第4章の問の解答

問 4.1 $1, 3, 4, 5, 9$ の 5 個.

問 4.2 (1) -1.　　(2) -1.

問 4.3 与式は $(x+1)^2 \equiv 3 \pmod 7$ と変形できる．ここで $x+3 = X$ とおくと $X^2 \equiv 3 \pmod 7$ となる．$\left(\dfrac{3}{7}\right) \equiv 3^3 \pmod 7$, $3^3 \equiv -1 \pmod 7$ より，$\left(\dfrac{3}{7}\right) = -1$. よって，解を持たない.

問 4.4

(1)
$$\left(\frac{15}{23}\right) = \left(\frac{3}{23}\right)\left(\frac{5}{23}\right) = -\left(\frac{23}{3}\right)\left(\frac{23}{5}\right)$$
$$= -\left(\frac{2}{3}\right)\left(\frac{3}{5}\right) = -\left(\frac{2}{3}\right)\left(\frac{5}{3}\right) = -\left(\frac{2}{3}\right)\left(\frac{2}{3}\right) = -1.$$

(2)
$$\left(\frac{503}{773}\right) = \left(\frac{773}{503}\right) = \left(\frac{2}{503}\right)\left(\frac{5}{503}\right)\left(\frac{3}{503}\right)\left(\frac{3}{503}\right)^2$$
$$= \left(\frac{2}{503}\right)\left(\frac{503}{5}\right)\left(-\left(\frac{503}{3}\right)\right) = -\left(\frac{2}{503}\right)\left(\frac{3}{5}\right)\left(\frac{2}{3}\right)$$
$$= -\left(\frac{2}{503}\right)\left(\frac{5}{3}\right)\left(\frac{2}{3}\right) = -\left(\frac{2}{503}\right)\left(\frac{2}{3}\right)\left(\frac{2}{3}\right) = -\left(\frac{2}{503}\right) = -1$$

(3) $\left(\dfrac{-100}{11}\right) = \left(\dfrac{-1}{11}\right)\left(\dfrac{2}{11}\right)^2\left(\dfrac{5}{11}\right)^2 = \left(\dfrac{-1}{11}\right) = -1.$

問 4.5

(1)
$$\left(\frac{10}{49}\right) = \left(\frac{2}{49}\right)\left(\frac{5}{49}\right) = \left(\frac{2}{49}\right)\left(\frac{49}{5}\right) = \left(\frac{2}{49}\right)\left(\frac{2}{5}\right)\left(\frac{2}{5}\right)$$
$$= (-1)^{\frac{49^2-1}{8}} = 1.$$

(2)
$$584 = 2 \cdot 2 \cdot 2 \cdot 73.$$
$$\left(\frac{584}{1827}\right) = \left(\frac{2}{1827}\right)\left(\frac{2}{1827}\right)^2\left(\frac{73}{1827}\right) = \left(\frac{2}{1827}\right)\left(\frac{1827}{73}\right)$$
$$= \left(\frac{2}{1827}\right)\left(\frac{2}{73}\right) = (-1)(1) = -1.$$

5

ガウス数体の整数の性質と合同

　ここでは，2 次体の整数論への橋渡しを考慮してガウス数体を取り上げます．特にガウス数体の整数の性質を詳しく分かりやすく解説し，その後，合同や不定方程式 $x^2 + y^2 = a$ への応用と話しを進めます．

5.1　ガウス数体とは

　ここでは，話の流れとして，最初に「体」，「数体」の話をしてからガウス数体の話に移ります．

　「数体」の話と言うと難しく感じるかも知れませんが，四則演算（＋，－，×，÷）が自由にできる数の集合のことです．

　例えば，有理数全体の集合の中では四則演算が自由にできますので有理数体と呼ばれています．

　それでは数体の定義をきちんと与えましょう．

　そのために，代数学での基本概念の 1 つである「体（たい）」の定義から述べることにします．

5.1.1　体の定義

　集合 $\mathbb{K}$ に加法（＋）と乗法（・）の 2 種類の演算が定義されていて（すなわち任意 $a, b \in \mathbb{K}$ に対して $a + b \in \mathbb{K}$ かつ $a \cdot b \in \mathbb{K}$ であって），次の (I)，(II)，(III) の条件を満たすとき集合 $\mathbb{K}$ は「**この演算について体をなす**」あるいは「**体である**」と言います．なお，乗法記号（・）は省略する場合が多い

ので，ここではそれに従うことにします．また，以下の条件における文字等はすべて集合 $\mathbb{K}$ の元とします．

(I) **加法について**

  (i) $a + b = b + a$　　(交換法則)

  (ii) $a + (b + c) = (a + b) + c$　　(結合法則)

  (iii) 0（**ゼロ元**）が存在して，任意の a に対して
$$a + 0 = 0 + a = a$$

  (iv) 任意の a に対して x が存在して
$$a + x = x + a = 0$$

    この x を a の**加法逆元**（あるいは**反元**）と言い，$-a$ と書く．

(II) **乗法について**

  (v) $ab = ba$　　(交換法則)

  (vi) $a(bc) = (ab)c$　　(結合法則)

  (vii) 1（**単位元**）が存在して，任意の a に対して
$$a \cdot 1 = 1 \cdot a = a,\ 1 \neq 0$$

  (viii) 任意の $a \neq 0$ に対して x が存在して
$$ax = xa = 1$$

    この x を a の**逆元**と言い，a^{-1} と書く．

(III) **分配法則**
$$a(b + c) = ab + ac,\ (b + c)a = ba + ca.$$

数の集合 $\mathbb{K}$ が体であるとき（すなわち，体の条件 (I), (II), (III) を満たすとき）集合 $\mathbb{K}$ を**数体**と言います．

有理数全体の集合を考えると条件 (I), (II), (III) を満たしますから数体になります．これを**有理数体**と呼び $\mathbb{Q}$ で表します．全く同様に考えて実数全体の集合および複素数全体の集合も数体となります．それらをそれぞれ**実数体**，**複素数体**と言い $\mathbb{R}, \mathbb{C}$ で表します．

上記の 3 つの数体には
$$\mathbb{Q} \subset \mathbb{R} \subset \mathbb{C}$$

という関係があります．このような関係があるとき，$\mathbb{Q}$ は $\mathbb{R}$ の**部分体**，$\mathbb{R}$ は $\mathbb{C}$ の**部分体**と言います．

一般に数体 $\mathbb{K}_1, \mathbb{K}_2$ に対して，$\mathbb{K}_1 \subset \mathbb{K}_2$ のとき，$\mathbb{K}_1$ は $\mathbb{K}_2$ の**部分体**と言います．

次に，2 次体，ガウス数体の話に移りましょう．

5.1.2　2 次体とガウス数体の定義

有理数の平方でないような一定の有理数 m をとり，a, b を任意の有理数とするとき

$$a + b\sqrt{m}$$

の形のすべての集合を $\mathbb{Q}(\sqrt{m})$ で表します．すなわち

$$\mathbb{Q}(\sqrt{m}) = \{a + b\sqrt{m} \mid a, b \in \mathbb{Q}\}$$

のことです．

例えば，$\mathbb{Q}(\sqrt{2}) = \{a + b\sqrt{2} \mid a, b \in \mathbb{Q}\}$ の元は

$$0, \quad 3, \quad 1 + \sqrt{2}, \quad \frac{3}{4} - \frac{5}{6}\sqrt{2}$$

などになります．

$\mathbb{Q}(\sqrt{m})$ は数体になります．このような数体を一般に **2 次体**と呼ばれています．

それでは $\mathbb{Q}(\sqrt{m})$ が数体であることを示しましょう．

その前に，

$$a + b\sqrt{m} = 0 \quad \Leftrightarrow \quad a = 0 \quad \text{かつ} \quad b = 0$$

であることに注意しましょう．ここに記号「$\Leftrightarrow$」は同値であることを意味します．

$\alpha = a + b\sqrt{m}, \ \beta = c + d\sqrt{m} \in \mathbb{Q}(\sqrt{m})$ とします．このとき，体であるための 3 つの条件を満たすことを示せばよいのですが

$$0, \quad \alpha \pm \beta \in \mathbb{Q}(\sqrt{m})$$

は明らかなので，条件 (II) のみを示せばよいでしょう．そこで，まず

$$\alpha\beta, \qquad \frac{\beta}{\alpha} \in \mathbb{Q}(\sqrt{m})$$

を示します．
$$\alpha\beta = (a + b\sqrt{m})(c + d\sqrt{m})$$
$$= (ac + bdm) + (ad + bc)\sqrt{m},$$
$$\frac{\beta}{\alpha} = \frac{c + d\sqrt{m}}{a + b\sqrt{m}} = \frac{(c + d\sqrt{m})(a - b\sqrt{m})}{(a + b\sqrt{m})(a - b\sqrt{m})}$$
$$= \frac{ac - bdm}{a^2 - mb^2} + \frac{ad - bc}{a^2 - mb^2}\sqrt{m}$$

となり，$a, b \in \mathbb{Q}$ から，$\alpha\beta, \frac{\beta}{\alpha} \in \mathbb{Q}(\sqrt{m})$ となることがわかります．

次に単位元，逆元の存在を確認しておきましょう．

単位元は明らかに $1 = 1 + 0\sqrt{m} \in \mathbb{Q}(\sqrt{m})$ で，0 でない任意の元 $\alpha = a + b\sqrt{m}$ の逆元は，上記の $\frac{\beta}{\alpha} \in \mathbb{Q}(\sqrt{m})$ で $\beta = 1$ とすれば，それが α の逆元になります．

これで数体であることが確認できました．

$m > 0$ のとき $\mathbb{Q}(\sqrt{m})$ に属する数はすべて実数なので $\mathbb{Q}(\sqrt{m})$ を**実 2 次体**と言います．$\mathbb{Q}(\sqrt{2}) = \left\{ a + b\sqrt{2} \mid a, b \in \mathbb{Q} \right\}$ や $\mathbb{Q}(\sqrt{3}) = \left\{ a + b\sqrt{3} \mid a, b \in \mathbb{Q} \right\}$ などがそうです．

$m < 0$ のとき，$\sqrt{m}$ は虚数になりますから，$\mathbb{Q}(\sqrt{m})$ を**虚 2 次体**と言います．

$\mathbb{Q}(\sqrt{-2}) = \left\{ a + b\sqrt{-2} \mid a, b \in \mathbb{Q} \right\}$ や $\mathbb{Q}(i) = \{ a + bi \mid a, b \in \mathbb{Q} \}$　($i = \sqrt{-1}$) などは虚 2 次体です．

$\mathbb{Q}(i)$ は**ガウス（Gauss）の数体**あるいは**ガウス数体**と呼ばれています．

当然のことですが，$a, b \in \mathbb{Q}$ なので $\frac{1}{2} + \frac{3}{4}i \in \mathbb{Q}(i)$ ですが，$\frac{1}{2} + \frac{\sqrt{3}}{4}i \notin \mathbb{Q}(i)$ となります．

さて，2 次体の定義では，m は平方数でない有理数なのですが，例えば $m = 2^2 \cdot 3$ となるような場合がもちろんあります．このときは $a + b\sqrt{m}$ は $a + 2b\sqrt{3}$ となりますので，$\mathbb{Q}(\sqrt{3})$ と同じものと考えればよいのです．

問 5.1　$\dfrac{2 + 3i}{4 + 5i}$ を $a + bi$　$(a, b \in \mathbb{Q})$ の形にせよ．

5.2 共役・ノルム・絶対値・トレース

ここでは，これから必要とする用語の定義をおこないます.

一般に複素数 $a+bi$ $(a, b \in R)$ を α で表すとき，$a-bi$ を**共役な複素数**と言い，$\overline{\alpha}$ で表します．また α と $\overline{\alpha}$ は**互いに共役**であると言います.

積 $\alpha\overline{\alpha}$ を α の**ノルム (norm)** と言い $N(\alpha)$ で表し，和 $\alpha + \overline{\alpha}$ を α の**トレース (trace)** あるいは**シュプール (spur)** と言い $Tr(\alpha)$ あるいは $S(\alpha)$ で表します.

$\alpha = a + bi$ の**絶対値** $|\alpha|$ を $\sqrt{\alpha\overline{\alpha}} = \sqrt{a^2+b^2}$ と定めます.

上記の定義は複素数体 $\mathbb{C}$ の元に対するものですが，ガウスの数体はその部分体なので，それらの用語はガウスの数体でもそのまま用います.

── 例 5.1 ──

$\alpha = 3 + 4i$ のとき，$N(\alpha)$, $Tr(\alpha)$, $|\alpha|$ を求めよ.

解. $N(\alpha) = (3+4i)(3-4i) = 3^2 + 4^2 = 25$,

$Tr(\alpha) = \alpha + \bar{\alpha} = 3 + 4i + (3-4i) = 6$,

$|\alpha| = \sqrt{3^2+4^2} = 5$.

ノルムについては次が成り立ちます.

公式 5.1

(1) $N(\alpha\bar{\alpha}) = N(\alpha)N(\bar{\alpha})$,

(2) $N\left(\dfrac{\beta}{\alpha}\right) = \dfrac{N(\beta)}{N(\alpha)}$ $(\alpha \neq 0)$.

証明

(1) $N(\alpha\beta) = \alpha\beta\overline{\alpha\beta} = \alpha\overline{\alpha}\beta\overline{\beta} = N(\alpha)N(\beta)$.

(2) $N\left(\dfrac{\beta}{\alpha}\right) = \dfrac{\beta}{\alpha}\overline{\left(\dfrac{\beta}{\alpha}\right)} = \dfrac{\beta\overline{\beta}}{\alpha\overline{\alpha}} = \dfrac{N(\beta)}{N(\alpha)}$.

$\square$

問 5.2 $\alpha = 3 + 4i$, $\beta = 4 - 3i$ のとき，$N(\alpha\beta)$, $N\left(\dfrac{\beta}{\alpha}\right)$ を求めよ.

5.3　ガウス数体の整数と除法の定理

ガウス数体 $\mathbb{Q}(i)$ において

$$a + bi \quad (a, b \in \mathbb{Z})$$

の形の数を，$\mathbb{Q}(i)$ における**整数**または**ガウス整数**と言います．なお，$\mathbb{Z}$ は整数全体の集合を意味します．

有理数の整数をガウス整数と区別するために，今後**有理整数**と言います．

記述の簡略化のため，ガウス整数全体の集合を $\mathbb{Z}(i)$ で表すことにします．すなわち

$$\mathbb{Z}(i) = \{a + bi \mid a, b \in \mathbb{Z}\}.$$

ガウス整数が有理整数と同じような性質をもつかどうか調べてみましょう．

明らかに，

$$\alpha, \beta \in \mathbb{Z}(i) \quad \text{ならば} \quad \alpha + \beta, \alpha - \beta, \alpha\beta \in \mathbb{Z}(i)$$

ですが，有理整数の場合と同様に $\frac{\beta}{\alpha}$ $(\alpha \neq 0)$ は $\mathbb{Z}(i)$ の元とは限りません．

例えば

$$\frac{2+i}{1-i} = \frac{(2+i)(1+i)}{(1-i)(1+i)} = \frac{1+3i}{2} = \frac{1}{2} + \frac{3}{2}i \notin \mathbb{Z}(i).$$

$\alpha = a + bi \in \mathbb{Z}(i)$ とします．このとき，$\overline{\alpha} = a - bi \in \mathbb{Z}(i)$ ですから

$$N(\alpha) = \alpha\overline{\alpha} = a^2 + b^2,$$

$$\mathrm{Tr}(\alpha) = \alpha + \overline{\alpha} = 2a$$

より，ノルムとトレースは共に有理整数になります．

さて，有理整数での除法の定理（定理 1.1）に相当することが $\mathbb{Z}(i)$ でも成り立つのかと思うのは自然なことでしょう．

実は成り立つのです．それが次の定理になります．

定理 5.2 (除法の定理)

任意の $\alpha, \beta(\neq 0) \in \mathbb{Z}(i)$ に対して

$$\alpha = \beta\kappa + \rho \quad (N(\rho) < N(\beta))$$

となる整数 κ, ρ が存在する.

証明

$\dfrac{\alpha}{\beta} = a + bi \quad (a, b \in \mathbb{Q})$ とおく. このとき,

$$|a - g| \leq \frac{1}{2}, \quad |b - h| \leq \frac{1}{2}$$

となるような有理整数 g, h を選ぶ. ここで, $\kappa = g + hi$ とおけば κ は整数である.

$$\frac{\alpha}{\beta} - \kappa = (a - g) + (b - h)i$$

より

$$
\begin{aligned}
\mathrm{N}(\alpha - \beta\kappa) &= \mathrm{N}(\beta)\mathrm{N}\left(\frac{\alpha}{\beta} - \kappa\right) \\
&= \mathrm{N}(\beta)\left\{(a - g)^2 + (b - h)^2\right\} \leq \mathrm{N}(\beta)\left(\frac{1}{4} + \frac{1}{4}\right) < \mathrm{N}(\beta).
\end{aligned}
$$

よって, $\alpha - \beta\kappa = \rho$ とおけば, α, β は整数なので, ρ は整数であって, $N(\rho) < N(\beta)$ である. $\qquad\square$

定理 5.2 の κ を α を β で割ったときの**商**, ρ を**剰余**と言うことにします.

有理整数の場合とは異なり, 商 κ と剰余 ρ は一通りに定まるとは限りません.

例えば, $2 + i$ を $1 - i$ で割ると

$$\frac{2 + i}{1 - i} = \frac{1}{2} + \frac{3}{2}i$$

となります. いま, $\dfrac{1}{2}$ と $\dfrac{3}{2}$ に対して, それぞれ 1 と 2 をとると

$$\kappa = 1 + 2i, \quad \rho = (2 + i) - (1 - i)(1 + 2i) = -1$$

より,

$$2 + i = (1 - i)(1 + 2i) - 1, \quad N(-1) < N(1 - i)$$

となりますから, 商は $1 + 2i$, 剰余は -1 です.

ところが, $\frac{1}{2}$ と $\frac{3}{2}$ に対して, それぞれ 0 と 1 をとると

$$\kappa = i, \quad \rho = (2 + i) - (1 - i)i = 1$$

ですから

$$2 + i = (1 - i)i + 1, \quad N(1) < N(1 - i)$$

となり，商は i，剰余は 1 になってしまいます.

　実は κ の選び方は 4 通りあります. その説明をしましょう.

　証明のなかで述べたように $\dfrac{\alpha}{\beta} = a + bi$ に対して，

$$|a - g| \leq \frac{1}{2}, \quad |b - h| \leq \frac{1}{2}$$

となるような有理整数 g, h を選び，$\kappa = g + hi$ とおきました. そして $\rho = \alpha - \beta\kappa$ とおいたとき，$N(\rho) < N(\beta)$ でなくてはならないから，

$$N(\rho) = N(\alpha - \beta\kappa) = N(\beta)N\left(\frac{\alpha}{\beta} - \kappa\right)$$

より

$$N\left(\frac{\alpha}{\beta} - \kappa\right) < 1 \quad \text{すなわち} \quad \left|\frac{\alpha}{\beta} - \kappa\right| < 1$$

であるように κ を選べばよいことになります.

　このように κ を選ぶことは，複素数平面上において，$\dfrac{\alpha}{\beta}$ を表す点との距離が 1 より小さい格子点を選べばよいことになります.

$$\frac{2 + i}{1 - i} = \frac{1}{2} + \frac{3}{2}i$$

を表す点に最も近い格子点は

$$i, \quad 1 + i, \quad 2i, \quad 1 + 2i$$

の 4 点です（図 5.1 参照）. つまり κ の選び方は 4 通りあることになります.

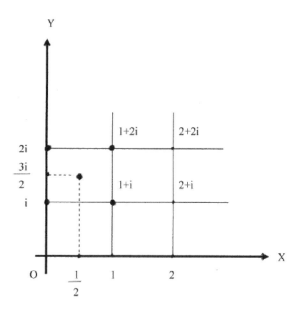

図 5.1

問 5.3

(1) $\alpha = 3,\, \beta = 1 + i$ のとき, $\alpha = \beta\kappa + \rho$ $\quad$ $(\mathrm{N}(\rho) < \mathrm{N}(\beta))$ となる κ と ρ をすべて求めよ.

(2) $\alpha = 2 - i,\, \beta = 1 + i$ のとき, $\alpha = \beta\kappa + \rho$ $\quad$ $(N(\rho) < N(\beta))$ となる κ と ρ をすべて求めよ.

5.4 約数・単数・同伴, 素数

ここでは, 最初にガウス数体 $\mathbb{Q}(i)$ における約数 (倍数) について述べ, それをもとにして有理数体では見られない単数, 同伴について述べます. そのあと最大公約数・最小公倍数および素数と話を進めます.

ガウス整数 $\alpha,\, \beta \in \mathbb{Z}(i)$ に対して, $\beta \neq 0$ のとき, $\alpha = \beta\gamma$ を満たすガウス

整数 $\gamma \in Z(i)$ が存在するとき，「**β は α を割り切る**」または「**α は β で割り切れる**」と言い，記号 $\beta \mid \alpha$ で表します．このとき，**β を α の約数**と言い，**α を β の倍数**と言います．これらのことは有理数の場合と同様です．

例えば，$1 + 3i = (1 + i)(2 + i)$ ですから，$1 + 3i$ は $1 + i$ の倍数，$1 + i$ は $1 + 3i$ の約数となります．もちろん $2 + i$ についても同じことが言えます．

ガウス数体 $\mathbb{Q}(i)$ においてすべての整数の約数となる整数は**単数**と呼ばれています．いま，それを ε で表します．

$1 = 1 + 0 \cdot i$ は整数なので，単数 ε は 1 の約数になります．すなわち，ある整数 γ が存在して

$$1 = \varepsilon\gamma$$

が成り立ちます．よって，$\mathrm{N}(1) = 1$ より

$$1 = \mathrm{N}(\varepsilon\gamma) = \mathrm{N}(\varepsilon)\mathrm{N}(\gamma)$$

となり，ノルムは非負の有理整数ですから，$\mathrm{N}(\varepsilon) = 1$ となります．

そこで，$\varepsilon = a + bi$ とおくと，$a^2 + b^2 = 1$ となりますから，この等式を満たす有理整数 a, b は

$$(a, b) = (1, 0),\ (-1, 0),\ (0, 1),\ (0, -1),$$

に限ることがわかります．

このことから，ガウス数体 $\mathbb{Q}(i)$ の単数は

$$1,\ -1,\ i,\ -i$$

の 4 個であることがわかります．これらが有理数体での 1 と -1 に対応するものです．

2 つのガウス整数 $\alpha, \beta \in \mathbb{Z}(i)$ に対して

$$\beta = \varepsilon\alpha$$

となるような単数 ε が存在するとき，**α と β は同伴である**と言います．

同伴に関しては次が成り立ちます．

(i) α と β が同伴ならば $\overline{\alpha}$ と $\overline{\beta}$ も同伴である．

(ii) $\beta \mid \alpha$ であって $N(\beta) = N(\alpha)$ ならば β と α は同伴である.

(iii) $\beta \mid \alpha$ であって $\alpha \mid \beta$ ならば β と α は同伴である.

問 5.4 上記の性質 (i), (ii), (iii) が成り立つことを示せ.

公倍数, 公約数は有理整数の場合と同様に定義します. すなわち, ガウス数体の n 個の整数 $\alpha_1, \alpha_2, \cdots, \alpha_n$ があるとき, これらに共通な倍数を**公倍数**と言い, 共通な約数を**公約数**と言います.

複素数には大小が定義されていないので, 最小公倍数, 最大公約数を次のように定義します.

公倍数のうちノルムが最小のものを**最小公倍数**と言い, 公約数のうちノルムが最大なものを**最大公約数**と言います. 2 つの整数 α, β の最大公約数を, 有理整数の場合と区別して, $\gcd(\alpha, \beta)$ で表すことにします.

2 つの整数 α, β に対して最大公約数が単数のとき, α と β は**互いに素**であると言います.

例えば, $1+i$ と $2+i$ は互いに素になります.

ここで, 最小公倍数の例をあげておきましょう.

━━ 例 5.2 ━━

$1+i$ と $2+i$ の最小公倍数を求めよ.

解. $(1+i)(2+i) = 1+3i$ であるから, $1+3i$ は $1+i$ と $2+i$ の公倍数である. $N(1+i) = 2$, $N(2+i) = 5$ であり, 有理整数 2 と 5 の最小公倍数は 10 である. よって, 10 が公倍数の最小のノルムである. $N(1+3i) = 10$ なので, $1+3i$ は $1+i$ と $2+i$ の最小公倍数である. ところで, $(1+3i)\varepsilon$ (ε は単数) は $1+3i$ の倍数. ところが $N((1+3i)\varepsilon) = N(1+3i)N(\varepsilon) = 10$ なのでやはり $1+i$ と $2+i$ の最小公倍数になっている. よって求める最小公倍数は $1+3i$ と同伴な整数である.

問 5.5 $\gcd(\alpha, \beta) = \gamma$ ならば $\gcd(\overline{\alpha}, \overline{\beta}) = \overline{\gamma}$ であることを示せ.

整数 $\alpha \in \mathbb{Z}(i)$ は任意の単数を約数にもちます．というのは

$$\alpha = 1 \cdot \alpha = (-1)(-\alpha) = i(-i\alpha) = (-i)i\alpha$$

であり，$\alpha,\ -\alpha,\ i\alpha,\ -i\alpha$ はすべて整数だからです．

ところで，$\alpha,\ -\alpha,\ i\alpha,\ -i\alpha$ は α に同伴な数なので，α は α に同伴な数をすべて約数にもつことがわかります．

整数 α の約数のうち，単数および α と同伴なものを α の**自明な約数**と言い，そうでないものを**真の約数**と言います．

例えば，

$$5 = (2+i)(2-i)$$

の場合，$2+i$ は単数でも 5 に同伴でもないので 5 の真の約数になります．もちろん $2-i$ もそうです．

ガウス数体 $\mathbb{Q}(i)$ において，0 でも単数でもない整数 π が真の約数をもたないとき，π を**素数**と言います．

では，上記の $2+i$ は素数でしょうか．それを調べるのに便利な結果が知られています．それが次の定理です．

定理 5.3

整数 $\alpha \in \mathbb{Z}(i)$ のノルム $\mathrm{N}(\alpha)$ が有理素数ならば整数 α は素数である．

証明

整数 α が素数でないとすると，真の約数 β,γ が存在して，$\alpha = \beta\gamma$ と書ける．このとき，$\mathrm{N}(\alpha) = \mathrm{N}(\beta)\mathrm{N}(\gamma)$ は有理素数なので，$\mathrm{N}(\beta)$ または $\mathrm{N}(\gamma)$ のいずれかが 1 である．

ところが，β,γ は真の約数なので，$\mathrm{N}(\beta)$, $\mathrm{N}(\gamma)$ は 1 より大である．これは矛盾である．よって，α は素数である．

$\square$

この定理により $2+i, 2-i$ は共に素数であることがわかります．では，定理 2.3 の逆は成り立つでしょうか．実は逆は成立しません．と言うのは，整数 $3 = 3 + 0i$ は素数ですが $\mathrm{N}(3) = 9$ となるからです．

問 5.6 3 は $\mathbb{Q}(i)$ において素数であることを「定理 5.3 の証明」を参考
にして示せ.

さて，有理素数 5 は素数でなく，有理素数 3 は素数になります．それで
は，有理素数 $2, 7, 11, \cdots$ の中で「どのような有理素数がガウス数体 $\mathbb{Q}(i)$ で
も素数になるのか」は興味を引く問題です.

次にそれについて調べてみましょう.

p を有理素数とします．$p = 2$ のときは，$p = (1+i)(1-i)$ と書くことがで
き，しかも $1+i$ と $1-i$ は定理 5.3 から素数であることがわかりますから，
$p = 2$ は $\mathbb{Q}(i)$ で素数ではありません.

以下，p は奇素数（2 でない有理素数）とします．p は有理素数なので共役
でない異なる 2 つの素数の積に分解されることや，3 つ以上の素数の積で表
されることもありません.

そこで，$p = \pi\bar{\pi}$ と素数の積で表されるものとします．いま $\pi = a + bi$ と
すると，

$$p = a^2 + b^2$$

となります．このことは $a^2 + b^2 = p$ が有理整数解 a, b をもつことを意味し
ます.

p は奇数ですから a または b のうち一方は偶数，他方は奇数になります.
そこで，

$$a = 2m \quad (m \in \mathbb{Z}), \quad b = 2n+1 \quad (n \in \mathbb{Z})$$

とすると

$$a^2 + b^2 = 4(m^2 + n^2 + n) + 1$$

となりますから，p は 4 で割って 1 余る数であることがわかります.

このことから，4 で割って 3 余る有理素数 p に対して，$a^2 + b^2 = p$ を満た
す有理整数 a, b は存在しないことがわかります．このことを定理としてまと
めておきましょう.

定理 5.4

$p \equiv 3 \pmod 4$ である有理素数 p はガウス整数としても素数である.

定理 5.4 から有理素数 3, 7, 11, 19 などはガウス数体でも素数であることがわかります.

さて，上記から $p = \pi\bar{\pi}$ と素数の積で表されたものとすると，$p \equiv 1 \pmod 4$ であることもわかります.

では，その逆が成り立つのかと思うことは自然なことでしょう.　実は逆も成り立ちます.　それが次の定理になります.

定理 5.5

p は奇素数とする.　このとき次が成り立つ.

p が互いに同伴でない素数の積で表されるための必要十分条件は $p \equiv 1 \pmod 4$ である.

| 証明 |

十分条件のみを示せばよい.

平方剰余での第一補充法則（定理 4.4）より「$\left(\dfrac{-1}{p} \right) = (-1)^{\frac{p-1}{2}}$」が成り立つから，$p \equiv 1 \pmod 4$ ならば $\left(\dfrac{-1}{p} \right) = 1$.　このことは，$r^2 \equiv -1 \pmod p$ を満たす有理整数 r が存在することを示している.　$r^2 \equiv -1 \pmod p$ であるから $r^2 + 1 = (r+i)(r-i)$ は p で割り切れる.　ここで，

$$\gcd(p, r-i) \quad (\text{ガウス整数の最大公約数})$$

を考える.　これは p の約数であるから，

$$\gcd(p, r-i) = 1 \quad \text{または} \quad \gcd(p, r-i) = p, \quad \text{あるいは}$$

$$\gcd(p, r-i) = \pi \quad (p = \pi\bar{\pi})$$

でなければならない.

$\gcd(p, r-i) = 1$ ならば $\gcd(p, r+i) = 1$ であるから，$r-i$ と $r+i$ は共に p に互いに素で，$(r-i)(r+i) = r^2 + 1$ も p と互いに素となり，これは $r^2 + 1$

が p で割り切れることと矛盾する.

$\gcd(p, r - i) = p$ の場合は, $\dfrac{r - i}{p}$ が整数でないことから不可能である. よって,

$$\gcd(p, r - i) = \pi \quad (p = \pi\overline{\pi})$$

でなければならない. いま, $\pi = x + iy$ とおくとき, $p = x^2 + y^2$ において, $x \neq \pm y$ であるから, π と $\overline{\pi}$ が同伴でないことは明らかである. □

問 5.7 1 から 100 までの有理素数でガウス数体でも素数となるものをすべて列挙せよ.

5.5 素因数分解の一意性とユークリッドの互除法

ここでは, 素因数分解の一意性の証明とユークリッドの互除法とその応用について述べます.

ガウス数体 $\mathbb{Q}(i)$ における素因数分解についても有理数体の場合と同様に定義します. 0 でも単数でもない整数 $\alpha \in \mathbb{Z}(i)$ が

$$\alpha = \pi_1 \pi_2 \cdots \pi_m \quad (\pi_1, \pi_2, \ldots, \pi_m\text{は素数})$$

と素数の積で表されているとき, α の**素因数分解**と言い, 素数 $\pi_i\,(i = 1, 2, \ldots, m)$ を**因数**あるいは**素因数**と言います.

ガウス数体での素数の定義から, 素数 π に同伴な数すなわち π に任意の単数 ε をかけた $\varepsilon\pi$ は, π が真の約数をもたないことから, $\varepsilon\pi$ は真の約数もたないので素数になります.

例えば, 素数 $2 + i$ の同伴な数

$$2 + i,\ -2 - i,\ -1 + 2i,\ 1 - 2i$$

はすべて素数になります.

そこで, 整数の素因数分解において素因数をこれと同伴な素数で置き換えても結果が変わらなければ同じ素因数分解とみなします.

例えば

$$5 = (1+2i)(1-2i) = (2+i)(2-i)$$

などと書けば 2 通りですが

$$(2+i) = i(1-2i), (2-i) = -i(1+2i)$$

なので同じ素因数分解とみなします. なお, (0 でも単数でもない) 整数 α が素因数をもつことは, 第 1 章の定理 1.4 の場合と同様にして示すことができます. また, 整数 α の素因数の個数は有限個です. このことは, $\alpha = \pi_1 \pi_2 \cdots$ と素因数分解されているとすると, $N(\alpha)$ は有限の値で $N(\pi_1), N(\pi_2), \ldots$ は 1 以上の有理整数であることからわかります. それでは, 一意性の話に移ります. 整数 α のある素因数分解を

$$\alpha = \pi_1 \pi_2 \cdots \pi_r \quad (\pi_1, \pi_2, \ldots, \pi_r は素数)$$

として, α の他の任意の素因数分解を

$$\alpha = \tau_1 \tau_2 \cdots \tau_s \quad (\tau_1, \tau_2, \ldots, \tau_s は素数)$$

とします. 一意性を示すためには「**$r = s$ であって, $\tau_1, \tau_2, \ldots, \tau_s$ がそれぞれ $\pi_1, \pi_2, \ldots, \pi_r$ と同伴となる**」ことを示す必要があります. このことを数学的帰納法で示します.

　$r = 1$ のとき, $\alpha = \pi_1$ は素数であって, τ_1 は素数 π_1 の素因数となり, τ_1 は π_1 に同伴になります. よって, $s = 1$ となり $r = 1$ のときは成り立ちます.

　次に, $r - 1$ 個の積のとき成立すると仮定して r 個の積についても成り立つことを示します.

　$\alpha = \pi_1 \pi_2 \cdots \pi_r$ なので, τ_1 は $\pi_1, \pi_2, \ldots, \pi_r$ のうちのどれかの素因数, したがって τ_1 は $\pi_1, \pi_2, \ldots, \pi_r$ のうちのどれかと同伴になります.

　いま, τ_1 が π_1 に同伴とします. このとき $\tau_1 = \pi_1 \varepsilon$ となる単数 ε があります.

$$\alpha = \pi_1 \pi_2 \cdots \pi_r = \tau_1 \tau_2 \cdots \tau_s$$

なので

$$\pi_1 \pi_2 \cdots \pi_r = \pi_1 \varepsilon \tau_2 \cdots \tau_s$$

すなわち

$$\pi_2 \cdots \pi_r = (\varepsilon \tau_2) \cdots \tau_s$$

となります.

　左辺は $r-1$ 個の素数の積ですから, 帰納法の仮定によって, 素因数分解の一意性が成り立ちます.

　そのため, 右辺の $(\varepsilon \tau_2) \cdots \tau_s$ の個数 $s-1$ は $r-1$ と等しくなります. また, $(\varepsilon \tau_2)\, \tau_3 \cdots \tau_s$ はそれぞれ $\pi_2,\, \pi_3,\, ...,\, \pi_r$ と同伴, よって $r=s$ であって, $\tau_1,\, \tau_2,\, ...,\, \tau_s$ はそれぞれ $\pi_1,\, \pi_2,\, ...,\, \pi_r$ と同伴になります. 以上で一意性の証明は完了しました. □

── 例 5.3 ──

　$50 + 100i$ を素因数に分解せよ.

解. $50 + 100i = 50(1+2i)$. $50 = 2 \times 5^2$, $2 = (1+i)(1-i)$, $5 = (2+i)(2-i)$, $1+2i = i(2-i)$ であり, $1 \pm i$, $2 \pm i$, $1+2i$ はすべて素数である. よって,

$$50 + 100i = (1+i)(1-i)(2+i)^2(2-i)^2 i(2-i)$$
$$= i(1+i)(1-i)(2+i)^2(2-i)^3.$$

問 5.8　$13+9i$ を素因数に分解せよ.

　本節の最後として有理数体 $\mathbb{Q}$ における「ユークリッドの互除法」に相当するものがガウス数体においても可能かどうか調べてみよう.

　定理 5.2 より, 任意の整数 $\alpha,\, \beta(\neq 0)$ に対して

$$\alpha = \beta \kappa_1 + \rho_1 \quad (N(\rho_1) < N(\beta))$$

を満たす整数 $\kappa_1,\, \rho_1$ が存在します.

　もし, $\rho_1 \neq 0$ ならば

$$\beta = \rho_1 \kappa_2 + \rho_2 \quad (N(\rho_2) < N(\rho_1))$$

となる整数 κ_2 と ρ_2 が存在します.

このようにして続けて行くと, ノルムは 0 以上の有理整数ですから, 最終的には

$$\gamma = \rho_n \kappa_{n+1}$$

の形になります. つまり, ユークリッドの互除法が可能であることがわかります.

　有理数体 $\mathbb{Q}$ ではユークリッドの互除法を用いて最大公約数を求めることができました. ガウス数体においてもそのようなことが可能でしょうか. つまり, 上記の最後の等式において α と β の最大公約数が ρ_n と一致するのかと言うことになります.

　実は, ρ_n は α と β の最大公約数と同伴になります. それを保証するのが次の定理です. なお, 2 つの整数 α, β の最大公約数を以前に述べたように $\gcd(\alpha, \beta)$ で表します.

定理 5.6

　2 つの整数 α, β に対して

$$\alpha = \beta \kappa + \rho \quad (\mathrm{N}(\rho) < \mathrm{N}(\beta))$$

とする. このとき, $\gcd(\beta, \rho)$ は $\gcd(\alpha, \beta)$ に同伴である.

証明

　$\gcd(\alpha, \beta) = \gamma$, $\gcd(\beta, \rho) = \delta$ とおく. γ は α と β の公約数であるから,

$$\alpha = \alpha' \gamma, \quad \beta = \beta' \gamma \quad (\alpha', \beta' は整数)$$

と書くことができる. $\rho = \alpha - \beta \kappa$ であるから,

$$\rho = (\alpha' - \beta' \kappa) \gamma$$

となり, β と ρ は γ を約数にもつ. $\gcd(\beta, \rho) = \delta$ であるから, $\gamma \mid \delta$.　… ①

　他方, $\gcd(\beta, \rho) = \delta$ より, δ は β と ρ との公約数である. また, $\alpha = \beta \kappa + \rho$ より δ は α の公約数であることがわかるから, δ は α と β の公約数である. ところで $\gcd(\alpha, \beta) = \gamma$ なので, $\delta \mid \gamma$.　… ②

したがって, ① と ② および問 5.4 から $\delta = \gcd(\beta, \rho)$ は $\gamma = \gcd(\alpha, \beta)$ に同伴である.

□

2 つの整数が同伴ならばノルムが等しいので, 最大公約数に同伴な数は最大公約数になります. すなわち, $\gcd(\alpha, \beta) = \gamma$ ということは, α と β の最大公約数は γ と同伴であることを意味することになります.

ここでは便宜上最大公約数は γ と答えることにしますが上記の意味であることに注意して下さい.

―― 例 5.4――

$\gcd(3 + 11i, 5 - i)$ をユークリッドの互除法を用いて求めよ.

解. $\alpha = \beta\kappa + \rho$ の形にするのに定理 5.2 の証明の方法を用いる.

$$\frac{3 + 11i}{5 - i} = \frac{(3 + 11i)(5 + i)}{(5 - i)(5 + i)} = \frac{4}{26} + \frac{58}{26}i. \quad \text{このとき,}$$

$$\left| \frac{4}{26} - 0 \right| < \frac{1}{2}, \quad \left| \frac{58}{26} - 2 \right| < \frac{1}{2}$$

なので, $\kappa = 0 + 2i$ とおくと

$$\rho = 3 + 11i - (5 - i)2i = 1 + i.$$

よって,

$$3 + 11i = (5 - i)2i + 1 + i.$$

同様にして

$$5 - i = (1 + i)(2 - 3i)$$

を得る. したがって, 最大公約数は $1 + i$ である.

問 5.9 $\gcd(8 - i, -2 + 4i)$ をユークリッドの互除法を用いて求めよ.

整数 $\alpha_1, \alpha_2\,(\neq 0)$ に対して，ユークリッドの互除法によって，

$$\alpha_1 = \alpha_2\kappa_1 + \alpha_3 \tag{1}$$

$$\alpha_2 = \alpha_3\kappa_2 + \alpha_4 \tag{2}$$

$$\alpha_3 = \alpha_4\kappa_3 + \alpha_5 \tag{3}$$

$$\cdots$$

$$\alpha_{n-1} = \alpha_n\kappa_{n-1} + \alpha_{n+1} \tag{$n-1$}$$

$$\alpha_n = \alpha_{n+1}\kappa_n \tag{n}$$

となったとします．このとき α_{n+1} は α_1 と α_2 の最大公約数です．

ここで，α_{n+1} を α_1 と α_2 の式で表すことを考えてみます．
(1) から $\alpha_3 = \alpha_1 - \alpha_2\kappa_1$ として (2) に代入すると

$$\alpha_2 = (\alpha_1 - \alpha_2\kappa_1)\kappa_2 + \alpha_4$$

となりますから，

$$\alpha_4 = -\alpha_1\kappa_2 + \alpha_2(1 + \kappa_1\kappa_2)$$

となります．

α_3 と上記で得られた α_4 を (3) に代入すると

$$\alpha_5 = \alpha_1(1 + \kappa_2\kappa_3) - \alpha_2(\kappa_1 + \kappa_3 + \kappa_1\kappa_2\kappa_3)$$

となります．このように逐次代入していけば最終的には

$$\alpha_{n+1} = Z\alpha_1 + W\alpha_2$$

の形に書けることがわかります．

以上から有理数体の場合と同様な次の結果が成り立ちます．

定理 5.7

任意の整数 $\alpha,\ \beta\,(\neq 0)$ に対して

$$\alpha z + w\beta = \gcd(\alpha, \beta)$$

を満たす整数 z, w が存在する.

この定理より, 例えば

$$(3 + 11i)z + (5 - i)w = 1 + i$$

を満たす整数 z, w が存在することがわかります.

互いに素である整数に関しては有理数体と同様な次が成り立ちます.

系 5.9

α と β は互いに素で, w を整数とする. このとき, $\beta \mid \alpha w$ ならば $\beta \mid w$ である.

証明

$\gcd(\alpha, \beta) = \varepsilon$ (単数) とおくと

$$\lambda \alpha + \mu \beta = \varepsilon$$

を満たす λ, μ が存在する. このとき,

$$w\varepsilon = \lambda \alpha w + \mu \beta w$$

の右辺は β で割り切れる. よって, ε は単数なので, $\beta \mid w$ である.

□

系 5.9 を利用して「素因数分解の一意性」を示すことができます. そのことを示しておきましょう.

整数 α が

$$\alpha = \pi_1 \pi_2 \cdots = \tau_1 \tau_2 \cdots$$

と 2 通りに素因数分解されているとします.

α は π_1 で割り切れるので, $\tau_1 \tau_2 \cdots$ は π_1 で割り切れます. よって, 系 5.9 より $\tau_1, \tau_2, \cdots$ の中のどれか 1 つは π_1 で割り切れます. いま, τ_1 が π_1 で割り切れたとすると, $\tau_1 = \varepsilon_1 \pi_1$ と書くことができます. τ_1 は素数ですから ε_1 は単数になります. α は π_2 で割り切れるので, $\tau_1, \tau_2, \cdots$ の中のどれかは π_2 で割り切れます. π_2 で割り切れるものを τ_2 とすると, $\tau_2 = \varepsilon_2 \pi_2$ と書

くことができます．このときも ε_2 は単数になります．このように続けて行くと，

$$\tau_1 \tau_2 \cdots = (\varepsilon_1 \varepsilon_2 \cdots)(\pi_1 \pi_2 \cdots)$$

となり，整数 α の素因数は有限個しかありませんから，2 通りの素因数分解は単数の差だけとなり，一意性が示されたことになります．

次に合同式の話に移ります．

5.6　ガウス数体における合同

ここでは，有理整数における合同をガウス整数に拡張します．

μ を 0 でないガウス整数とします．このとき，ガウス整数 α, β に対して，$\mu \mid \alpha - \beta$ であるとき **α と β は μ を法として合同である**と言い，

$$\alpha \equiv \beta \pmod{\mu}$$

と表します．また，$\mu \nmid \alpha - \beta$ のとき，

$$\alpha \not\equiv \beta \pmod{\mu}$$

と表します．

例えば，法を $\mu = 1+2i$ とし，$\alpha = 7-4i$, $\beta = 5+2i$ とすると，$\alpha - \beta = 2-6i$ で

$$\frac{2-6i}{1+2i} = \frac{(2-6i)(1-2i)}{(1+2i)(1-2i)} = \frac{-10-10i}{5} = -2-2i$$

となり，$-2-2i$ は整数であるから，$\alpha - \beta$ は μ で割り切れて

$$7-4i \equiv 5+2i \pmod{1+2i}$$

であることがわかります．

なお，$\alpha = 7+4i$, $\beta = 5+2i$ とすると，$\alpha - \beta = 2+2i$ なので

$$\frac{2+2i}{1+2i} = \frac{6-2i}{5}$$

となり，$\dfrac{6-2i}{5}$ は整数でないので

$$7+4i \not\equiv 5+2i \pmod{1+2i}$$

となります.

問 5.10　次の 2 つのガウス整数は与えられた法 μ に関して合同かどうか調べよ.

　(1)　$5 + 2i,\ 4 - 3i\ (\mu = 1 + i)$　　　(2)　$7 - 4i, 5 + 3i\ (\mu = 2 + i)$

　ガウス整数の合同に関して有理整数の場合と同様な性質が成り立ちます.
μ は 0 でないガウス整数とします. なお, 記号 $\mathbb{Z}(i)$ はガウス整数全体の集合を表すことに注意しましょう.

公式 5.10

　$\alpha, \beta, \gamma \in \mathbb{Z}(i)$ に対して次が成り立つ.

(1) $\alpha \equiv \alpha\ (\mathrm{mod}\ \mu)$.

(2) $\alpha \equiv \beta\ (\mathrm{mod}\ \mu)$　ならば　$\beta \equiv \alpha\ (\mathrm{mod}\ \mu)$.

(3) $\alpha \equiv \beta\ (\mathrm{mod}\ \mu)$　かつ　$\beta \equiv \gamma\ (\mathrm{mod}\ \mu)$ ならば,　$\alpha \equiv \gamma\ (\mathrm{mod}\ \mu)$.

　証明は定理 2.1 と全く同様なので省略します. 公式 5.10 はガウス整数の合同に対しても反射律, 対称律, 推移律が成り立つことを示しています. さらに, 有理整数の場合と同様な次が成り立ちます.

公式 5.11

　$\alpha, \beta, \gamma, \delta \in \mathbb{Z}(i)$ とする. このとき $\alpha \equiv \beta\ (\mathrm{mod}\ \mu)$ かつ　$\gamma \equiv \delta\ (\mathrm{mod}\ \mu)$ ならば次が成り立つ.

(4) $\alpha + \gamma \equiv \beta + \delta\ (\mathrm{mod}\ \mu)$.

(5) $\alpha - \gamma \equiv \beta - \delta\ (\mathrm{mod}\ \mu)$.

(6) $\alpha\gamma \equiv \beta\delta\ (\mathrm{mod}\ \mu)$.

　証明は系 2.2 と全く同様なので省略します.

5.7　合同類の個数

　ガウス整数においても法 μ に関して反射律，対称律，推移律が成り立ちますから，ガウス整数全体の集合を同値類（同値な元のつくる類）で類別（組み分け）することができます．

　例えば法 μ で

$$C_1,\ C_2,\ \cdots,\ C_r$$

と同値類によって組み分けされたとします．このとき，この組の個数 r を**合同類の個数**と呼びます．

　$\mathbb{Z}$（有理整数全体の集合）における素数を p とするとき法 p での異なる合同類の個数は p 個になります．

　ここではガウス整数における法 μ に関する合同類の個数を求めます．そのために用語と補題を用意します．

　ガウス平面（複素平面）上で実部も虚部も整数である点（座標）をガウス平面上の**格子点**と言います．また，ここではガウス平面上で一辺の長さが 1 の正方形で各頂点が格子点であるようなものを**格子正方形**と呼びます．

　なお，これから述べます一連の結果は文献 [2] によります．

補題 5.12

　$\alpha, \beta(\neq 0) \in \mathbb{Z}(i)$ に対して

$$\alpha = \beta\kappa + \rho, \quad |\rho| \leq \frac{|\beta|}{\sqrt{2}}, \quad \mathrm{N}(\rho) \leq \frac{\mathrm{N}(\beta)}{2}$$

となるような $\kappa, \rho \in \mathbb{Z}(i)$ が存在する．

証明

　$\xi = \dfrac{\alpha}{\beta} = x + yi$ とおく．ξ を含む格子正方形（周も含む）の 4 頂点の中で ξ に一番近い頂点を $\kappa = u + iv$ とおく．もし，κ が 2 つ以上あるときは実部か虚部が大きい方の κ をとれば 1 つに決まる．

そうすると，一辺の長さが 1 の正方形の対角線の長さは $\sqrt{2}$ であるから

$$|\frac{\alpha}{\beta} - \kappa| \leq \frac{\sqrt{2}}{2} \quad \text{すなわち} \quad |\alpha - \beta\kappa| \leq \frac{|\beta|}{\sqrt{2}}$$

である．そこで，定理 5.2 の場合と同様に

$$\alpha - \beta\kappa = \rho$$

とおけば，$\alpha = \beta\kappa + \rho$ となり

$$|\rho| \leq \frac{|\beta|}{\sqrt{2}}, \quad N(\rho) \leq \frac{N(\beta)}{2}$$

である．

□

補題 5.12 より

$$\alpha = \mu\kappa + \rho$$

に対して，$|\rho| \leq \dfrac{|\mu|}{\sqrt{2}}$ が成り立ちますから，異なる合同類の個数を $f(\mu)$ で表すとそれは

$$|\rho| \leq \frac{|\mu|}{\sqrt{2}} = R$$

のような ρ で，合同でないものの個数になります．それはガウス平面上で，原点を中心とする半径 R の円周上および内部の格子点で合同でないものの個数になります．この円内および周上の 2 つの格子点 α と β が合同，すなわち

$$\alpha \equiv \beta \quad (\text{mod } \mu)$$

とすると

$$\alpha - \beta = \delta\mu \quad (\delta \in \mathbb{Z}(i)) \qquad\qquad ①$$

となりますから

$$|\delta||\mu| = |\alpha - \beta| \leq 2R = \sqrt{2}|\mu|$$

が得られます．よって，$|\delta| \leq \sqrt{2}$ となり，δ は整数ですから

$$\delta = \pm 1, \ \pm i, \ \pm 1 \pm i$$

となります. よって, ① より

(i) $\alpha - \beta = \pm\mu$　(ii) $\alpha - \beta = \pm i\mu$　(iii) $\alpha - \beta = (\pm 1 \pm i)\mu$

となります.

これらのことを図形的に見てみましょう.

(i) と (ii) から
(1) 線分 $\overline{O\mu}$ と長さが等しく, これと平行あるいは垂直. あるいは (iii) から,
(2) α と β は円周上の対称点で, 線分 $\overline{\alpha\beta}$ が線分 $\overline{O\mu}$ と 45° をなす

であることがわかります.

ここで, 具体例をあげておきましょう.

― 例 5.5 ―

法が $\mu = 1 - i$ のとき, 異なる合同類の個数 $f(1-i)$ を求めよ.

解. $\dfrac{|\mu|}{\sqrt{2}} = R$ より, $|1-i| = \sqrt{2}$ であるから $R = 1$. よって, $|z| \le 1$ 内の格子点を類別すればよい. 上記の (1) より

$$i \equiv 1, i \equiv -1, -i \equiv -1, -i \equiv 1 \pmod{1-i}$$

であることがわかる. よって, $\{1, -1, i, -i\}$ は法 $1 - i$ に関して 1 つの合同類になっている. $\{0\}$ はこれに含まれないので $f(1-i) = 2$ である.

上記の例でノルム $\mathrm{N}(1-i) = 2$ なので $f(1-i) = \mathrm{N}(1-i)$ であることがわかります. たまたま偶然に一致したのでしょうか. 説明は省略しますが $f(2+i) = \mathrm{N}(2+i) = 5$ も確認できます.

実は, 一般に次の結果が知られています ([2]).

証明は割愛しますので文献 [2, pp.257-259] を参照してください. なお, 第 2 章で述べましたフェルマーの小定理 (定理 2.8) に相当するものが $\mathbb{Z}(i)$ でも成り立ちます. このことについても [2, p.260] 参照してください.

5.8 不定方程式 $x^2 + y^2 = a$ への応用

ここでは, 不定方程式

$$x^2 + y^2 = a \quad (x, y\text{は有理整数}, a\text{は正の有理整数}) \tag{I}$$

の解について考察します.

(I) は有理整数の範囲 (さらにより広く実数の範囲) のみで解を考察するより, ガウス整数を利用したほうがより見通しよく解くことができます. 早速, 具体例で見ていきましょう.

―― 例 5.6 ――

次の不定方程式の正の有理整数解をすべて求めよ.

(1) $x^2 + y^2 = 221$ (2) $x^2 + y^2 = 50$

解.

(1) 最初に $\gcd(x, y) = 1$ であることを示す.

もし, $\gcd(x, y) = m$ とすると

$$x = mX, \ y = mY \quad (X, Y \in \mathbb{Z})$$

と書くことができるから，与式は

$$m^2 X^2 + m^2 Y^2 = 221$$

となる．よって，221 は m^2（平方数）で割り切れなくてはならない．

ところが，$221 = 13 \cdot 17$ であるから平方数で割り切れることはない．よって，$\gcd(x, y) = 1$ としてよい．

$$13 = (2 + 3i)(2 - 3i), \;\; 17 = (1 + 4i)(1 - 4i),$$

$$x^2 + y^2 = (x + iy)(x - iy)$$

であるから

$$(x + iy)(x - iy) = (2 + 3i)(2 - 3i)(1 + 4i)(1 - 4i)$$

となる．このとき，$x + iy$ は $(2 + 3i)(2 - 3i)$ で割り切れることはない．

なぜなら，もし $(2 + 3i)(2 - 3i)$ で割り切れるとすると，x も y も 13 で割り切れることになり $\gcd(x, y) = 1$ と矛盾する．

そこで，もし $x + iy$ が $2 + 3i$ で割り切れるとすると $x - iy$ は $2 - 3i$ で割り切れる．$1 + 4i$ についても全く同様なことが言えるので

$$x + iy = (2 + 3i)(1 + 4i) = -10 + 11i$$

としてよい．このとき，

$$\mathrm{N}(x + iy) = \mathrm{N}((2 + 3i)(1 + 4i)) = \mathrm{N}(-10 + 11i)$$

が成り立つから，この等式の解の 1 組として，$x = -10$, $y = 11$ を得る．ところで，$(-10)^2 = 10^2$ であるから，方程式の解として

$$(x, y) = (10, 11), (11, 10) \qquad\qquad ①$$

が得られる．

次にこの他に解があるかどうか調べてみる．一般に，$\alpha, \beta \in \mathbb{Q}(i)$ と単数 ε に対して

$$\mathrm{N}(\alpha) = \mathrm{N}(\overline{\alpha}), \ \ \mathrm{N}(\overline{\alpha\beta}) = \mathrm{N}(\overline{\alpha})\mathrm{N}(\overline{\beta}), \ \mathrm{N}(\varepsilon\alpha) = \mathrm{N}(\alpha)$$

が成り立つから

$$\mathrm{N}(x + iy) = \mathrm{N}((2 + 3i)(1 + 4i)) = \mathrm{N}(2 + 3i)\mathrm{N}(1 + 4i)$$

より，次の 4 通りの場合が考えられる．

$$\mathrm{N}(x + iy) = \mathrm{N}(\overline{(2 + 3i)(1 + 4i)}), \ \mathrm{N}(\overline{(2 + 3i)}(1 + 4i)),$$

$$\mathrm{N}((2 + 3i)\overline{(1 + 4i)}), \ \mathrm{N}(\varepsilon\,((2 + 3i)(1 + 4i)))$$

.

(i)　$\mathrm{N}(\overline{(2 + 3i)(1 + 4i)})$ の場合は y の符号が変わるだけであるから解は①と同じになる．

(ii)　$\mathrm{N}(\overline{(2 + 3i)}(1 + 4i))$ と $\mathrm{N}((2 + 3i)\overline{(1 + 4i)})$ の場合．

$$\overline{(2 + 3i)}(1 + 4i) = (2 - 3i)(1 + 4i) = 14 + 5i$$

なので，$\mathrm{N}(x + iy) = \mathrm{N}(14 + 5i)$ より解

$$(x, y) = (14, 5), (5, 14) \tag{②}$$

を得る．後者の場合は $\mathrm{N}(x + iy) = \mathrm{N}(14 - 5i)$ より②と同じ解になる．

(iii)　$\mathrm{N}(\varepsilon\,((2 + 3i)(1 + 4i)))$ の場合．

$\mathbb{Q}(i)$ における単数は $\pm 1, \pm i$ であるから，$\varepsilon = i$ のときを考えればよい．

$$\mathrm{N}\left(\varepsilon\,((2 + 3i)(1 + 4i))\right) = \mathrm{N}\left(i((2 + 3i)(1 + 4i))\right) = \mathrm{N}(-11 - 10i)$$

であるから解は①と同じになる．

147

したがって，求める解は

$$(x, y) = (10, 11),\ (11, 10),\ (14, 5),\ (5, 14)$$

の4通りである．

(2) $50 = 2 \times 5^2$ より平方数を含んでいる．そこで，$x = 5X$，$y = 5Y$ とおく．このとき，与式は

$$25X^2 + 25Y^2 = 2 \times 5^2$$

となるから

$$X^2 + Y^2 = 2.$$

よって，$(X, Y) = (1, 1)$．したがって，$(x, y) = (5, 5)$．

次に，$\gcd(x, y) = 1$ の場合を考える．

$$2 = (1+i)(1-i),\ 5^2 = (2+i)^2(2-i)^2$$

となるから，(1) と全く同様にして

$$x + iy = (1+i)(2+i)^2 = -1 + 7i$$

としてよい．よって，この場合の解は

$$(x, y) = (1, 7), (7, 1).$$

次に，

$$(1+i)(2-i)^2 = 7 - i, (1-i)(2+i)^2 = 7 + i,$$

$$\varepsilon(1+i)(2+i)^2 = i(1+i)(2+i)^2 = -7 - i$$

であることに注意すれば，$\gcd(x, y) = 1$ の場合の解は

$$(x, y) = (1, 7),\ (7, 1)$$

に限ることがわかる．したがって求める解は

$$(x, y) = (5, 5),\ (1, 7),\ (7, 1)$$

である．

不定方程式 (I) は常に解を持つとは限りません. その例を与えておきましょう.

---------- 例 5.7 ----------

不定方程式 $x^2 + y^2 = 231$ を解け.

解. $231 = 3 \cdot 7 \cdot 11$ であるから, 明らかに $\gcd(x, y) = 1$ である. 与式より

$$(x + iy)(x - iy) = 3 \cdot 7 \cdot 11.$$

ところで, 定理 5.4 より, 3 は $\mathbb{Q}(i)$ でも素数であるから, $x + iy$ あるいは $x - iy$ は 3 で割り切れなくてはならない. すなわち x, y は共に 3 で割り切れなくてはならなくなり, これは $\gcd(x, y) = 1$ に反する. よって, 解を持たない.

最後に不定方程式 (I) が解を持つための条件を考えてみよう.

もし, x, y が公約数 d を持つとすると

$$x = dX, \; y = dY \quad (X, Y \in \mathbb{Z})$$

と書くことができます. このとき, (I) は

$$d^2 X^2 + d^2 Y^2 = a$$

となり, a は d^2 で割り切れなくてはなりません. いま, $a = a'd^2$ とすればこの式は

$$X^2 + Y^2 = a'$$

になりますから, 問題を限定して, (I) において

$$\gcd(x, y) = 1 \tag{$*$}$$

のときの解を求めることにしても差し支えないでしょう.

この条件のもとで, 次の結果が知られています. その証明は [1] によります.

定理 5.14

正の有理整数 a が $p \equiv 3 \pmod 4$ である有理素数 p を素因数として含まず，もし素因数として 2 を含むときはただ 1 つのみならば，不定方程式 (I) は解を持つ.

証明

いま，a が $p \equiv 3 \pmod 4$ である有理素数 p を素因数に含むとする．定理 5.4 より p はガウス整数としても素数である．

$$(x+iy)(x-iy) = a$$

なので，$x+iy$ あるいは $x-iy$ は p で割り切れなくてはならない．したがって x,y は共に p で割り切れることになり仮定 (∗) に反する．

よって，a は $p \equiv 3 \pmod 4$ である有理素数 p を素因数として含まないことがわかる．

次に，a が $p \equiv 1 \pmod 4$ の形の有理素数 p をちょうど h 個含むとして，$p = \pi\bar{\pi}$ とする．このとき

$$(x+iy)(x-iy) = \cdots \pi^h \overline{\pi^h} \cdots$$

となっている．

例 5.6 (1) の解の中で示したように，もしも，$x+iy$ あるいは $x-iy$ が π と $\bar{\pi}$ の両方で割り切れるとすると，それは $\pi\bar{\pi} = p$ で割り切れ，したがって x,y が共に p で割り切れることになり仮定 (∗) に反する．ゆえに，$x+iy$ は π^h または $\bar{\pi}^h$ で割り切れなくてはならない．

このことは a に含まれる $p \equiv 1 \pmod 4$ の形をしているすべての素因数 p について言える．

もし a が素因数として 2 を含まないならば，例 5.6 (1) からわかるように

$$a = \prod_{i=1}^{k} p_i^{h_i} \quad (p_1 \equiv p_2 \equiv \cdots \equiv p_k \equiv 1 \pmod 4)$$

の形をしている．いま，$p_i = \pi_i \bar{\pi_i}$ とする．このとき

$$x + iy = \prod_{i=1}^{k} \pi_i^{h_i} \qquad ①$$

とおくと，$\mathrm{N}(x+iy) = \prod_{i=1}^{k} \mathrm{N}(\pi_i^{h_i})$ より

$$x^2 + y^2 = a$$

となる.

次に，a が 2 である素因数を h 個含むとすると，$\lambda = 1 - i$ とするとき，$2 = i\lambda^2$ であるから

$$(x+iy)(x-iy) = (i\lambda^2)^h \prod_{i=1}^{k} p_i^{h_i}$$

と書くことができる．ここに，p_i は $p_i \equiv 1 \pmod 4$ を満たす素因数.

λ と $i\lambda$ は同伴であるから，$x + iy$ が λ^h で割り切れるならば $x - yi$ も λ^h で割り切れる．よって，$x + iy$ および $x - iy$ はそれぞれ λ^h で割り切れなくてはならない.

もし，$h > 1$ ならば λ^2，したがって $2 (= i\lambda^2)$ で割り切れ，x, y は共に 2 で割り切れることになり仮定 $(*)$ に反する.

よって，2 を含むならば 1 個のみとなる．このとき，

$$x + iy = (1+i)\prod_{i=1}^{k} \pi_i^{h_i}$$

とおけば

$$x^2 + y^2 = a$$

となり，不定方程式 (I) は仮定 $(*)$ のもとで解を持つことが示された.

$\square$

上記の定理により解を持つための条件がわかりました．それでは，解を持つとき「解の個数は」と思うことはごく自然なことでしょう.

例 5.6(1) の解法からわかるように，上記の定理の証明の中での ① において，$\pi_1, \pi_2, \cdots, \pi_r$ をそれぞれ共役な数で置き換えてももちろんよいのですが，すべての因数を共役な因数で置き換えた場合は y の符号が変わるだけになります.

また，$\pi_1, \pi_2, \cdots, \pi_r$ を同伴な数で置き換えてもよいのですが，この場合 $x + iy$ も同伴数に変わるだけです.

例えば,

$$x + iy = \pi_1 \pi_2 \pi_3$$

の場合を考えてみましょう. $\pi_1\pi_2\pi_3$ を含めて共役な数で置き換えは次の 8 通りになります.

次の 8 通りになります.

$$\pi_1\pi_2\pi_3, \quad \overline{\pi_1}\pi_2\pi_3, \quad \pi_1\overline{\pi_2}\pi_3, \quad \pi_1\pi_2\overline{\pi_3},$$

$$\overline{\pi_1\pi_2}\pi_3, \quad \overline{\pi_1}\pi_2\overline{\pi_3}, \quad \pi_1\overline{\pi_2\pi_3}, \quad \overline{\pi_1\pi_2\pi_3}.$$

このときは, $\overline{\pi_1}\pi_2\pi_3 = \overline{\pi_1\overline{\pi_2\pi_3}}$ から $\pi_1\overline{\pi_2\pi_3}$ と $\overline{\pi_1}\pi_2\pi_3$ は y の符号が異なるだけなどに注意すれば, 分解の仕方は

$$\pi_1\pi_2\pi_3, \quad \overline{\pi_1}\pi_2\pi_3, \quad \pi_1\overline{\pi_2}\pi_3, \quad \pi_1\pi_2\overline{\pi_3}$$

の 4 通りになります. ここで, 共役に置き換えることに注目して分解の仕方の個数を考えてみよう.

全く置き換えない, 3 個のうち 1 個だけ置き換える, 2 個だけ置き換える. 3 個すべて置き換える. このときの総数は

$$_3C_0 + {}_3C_1 + {}_3C_2 + {}_3C_3 = 2^3$$

となりますが, 上記の理由から分解の仕方は半数の 4 通りであることがわかります.

この例から, x, y の符号または順序を度外視して, 単に a を 2 つの互いに素な平方数 x^2, y^2 の和に分解することを考えるならば, その分解の方法は, ① のとき, すなわち

$$x + iy = \prod_{i=1}^{k} \pi_i^{h_i}$$

のとき, 2^{k-1} になることがわかります.

また, a が 2 を 1 個含む場合は

$$a = 2\prod_{i=1}^{k} p_i^{h_i} \quad (p_1 \equiv p_2 \equiv \cdots \equiv p_k \equiv 1 \pmod 4)$$

とすれば

$$x + iy = (1 - i) \prod_{i=1}^{k} \pi_i^{h_i}$$

において，$1 + i$ に変えても同伴数に変わるだけなので分解の仕方は 2^{k-1} になります．

解の個数は，x と y の順序が入れ替わってもよいから，$2 \cdot 2^{k-1} = 2^k$ となります．

以上のことをまとめると，次の結果になります．

定理 5.15

a に含まれる互いに相異なる $p \equiv 1 \pmod 4$ である素因数 p の個数を k とすれば解の個数は 2^k 通りである．

問 5.11　次の不定方程式の正の有理整数解をすべて求めよ．

(1)　$x^2 + y^2 = 65$　　(2)　$x^2 + y^2 = 169$　　(3)　$x^2 + y^2 = 130$

第 5 章の問の解答

問 5.1 $\dfrac{23}{41} + \dfrac{2}{41}i$.

問 5.2 $N(\alpha\beta) = 625$, $\mathrm{N}\left(\dfrac{\beta}{\alpha}\right) = 1$.

問 5.3

(1) $\dfrac{\alpha}{\beta} = \dfrac{3}{1+i} = \dfrac{3}{2} - \dfrac{3}{2}i$ より,

$$\kappa = 1 - i,\ 2 - i,\ 1 - 2i,\ 2 - 2i$$

と選べばよい. $\rho = 3 - (1+i)\kappa$ より

$$(\kappa, \rho) = (1 - i, 1),\ (2 - i, -i),\ (1 - 2i, i),\ (2 - 2i, -1).$$

(2) (1) と同様にして,

$$(\kappa, \rho) = (-i, 1),\ (-2i, i),\ (1 - 2i, -1),\ (1 - i, -i).$$

問 5.4 (iii) のみを示す. $\beta \mid \alpha$ かつ $\alpha \mid \beta$ であるから, $\beta = \alpha\gamma, \alpha = \beta\delta$ を満たす整数 γ, δ が存在する. この 2 つの式から $\beta = \beta\delta\gamma$ を得る. $\mathrm{N}(\beta) = \mathrm{N}(\beta)\mathrm{N}(\delta)N(\gamma)$ より $N(\gamma) = 1$ となり, γ は単数. よって β は α に同伴である.

問 5.5 $\gcd(\alpha, \beta) = \gamma$ であるから, $\alpha = \gamma\delta,\ \beta = \gamma\zeta\ (\delta, \zeta \in \mathbb{Z}(i))$ と書くことができる. $\overline{\alpha} = \overline{\gamma}\overline{\delta},\ \overline{\beta} = \overline{\gamma}\overline{\zeta}$ であるから, $\overline{\gamma}$ は, $\overline{\alpha}, \overline{\beta}$ の公約数である. α, β の任意の公約数を μ とすると, $\overline{\mu}$ は $\overline{\alpha}, \overline{\beta}$ の公約数である. ゆえに, $\mathrm{N}(\mu) = \mathrm{N}(\overline{\mu}) \leq \mathrm{N}(\gamma) = \mathrm{N}(\overline{\gamma})$ であるから, $\gcd(\overline{\alpha}, \overline{\beta}) = \overline{\gamma}$ である.

問 5.6 3 が素数でないとすると, 真の約数 α, β が存在して, $3 = \alpha\beta$ と書ける. $\mathrm{N}(3) = \mathrm{N}(\alpha)\mathrm{N}(\beta) = 9$ で, $\mathrm{N}(\alpha) > 1, \mathrm{N}(\beta) > 1$ なので $\mathrm{N}(\alpha) = 3$, $\mathrm{N}(\beta) = 3$ である.

$\alpha = a + bi$ とすると, $a^2 + b^2 = 3$ となるがこのような有理整数は存在しない. これは $3 = \alpha\beta$ となる α が存在することに矛盾. よって, 3 は素数.

問 5.7 1 から 100 までの有利素数は 25. その中でガウス数体でも素数であるもには次の 13 個である.

$$3, 7, 11, 19, 23, 31, 43, 47, 59, 67, 71, 79, 83.$$

問 5.8 $13 + 9i = 4 + (9 + 9i) = 2 \cdot 2 + 9(1 + i) = (1 + i)^2(1 - i)^2 + 9(1 + i)$
$= (1 + i)\{(1 + i)(1 - i)^2 + 9\} = (1 + i)(11 - 2i)$

ところで，$11 - 2i = 10 + (1 - 2i) = 2 \cdot 5 + (1 - 2i) = (1 + i)(1 - i)(1 + 2i)(1 - 2i) + (1 - 2i) = (1 - 2i)(3 + 4i) = -(1 - 2i)(1 - 2i)(1 - 2i) = -(1 - 2i)^3$.

よって，$13 + 9i = -(1 + i)(1 - 2i)^3$. あるいは $-(1 + i)$ と $1 + i$ は同伴なので $13 + 9i = (1 + i)(1 - 2i)^3$.

問 5.9　$8 - i = (-2 + 4i)(-1 - i) + 2 + i,\ -2 + 4i = (2 + i)(2i)$. よって，最大公約数は $2 + i$.

問 5.10　(1) 合同　(2) 合同でない.

問 5.11

(1)　$65 = 5 \cdot 13,\ 5 = (2 + i)(2 - i),\ 13 = (2 + 3i)(2 - 3i)$ より

$$x + yi = (2 + i)(2 + 3i) = 1 + 8i.$$

次に

$$x + yi = (2 + i)(2 - 3i) = 7 - 4i.$$
$$\therefore\ (x, y) = (1, 8),\ (8, 1),\ (7, 4),\ (4, 7).$$

(2)　$169 = 13^2$. $x = 13X,\ y = 13Y$ とおくと

$$13^2 X^2 + 13^2 Y^2 = 13^2.$$
$$\therefore\ X^2 + Y^2 = 1.$$

この場合は解がない.

次に，$\gcd(x, y) = 1$ の場合を考える.

$$13^2 = (2 + 3i)^2(2 - 3i)^2$$

より $x + iy = (2 + 3i)^2 = -5 + 12i$.

$$\therefore\ (x, y) = (5, 12), (12, 5).$$

(3)　$130 = 2 \cdot 5 \cdot 13$

$$x + iy = (1 + i)(2 + i)(2 + 3i) = -7 + 9i.$$

$$\therefore \quad (x, y) = (7, 9), (9, 7).$$

$$x + iy = (1 + i)(2 + i)(2 - 3i) = 11 + 3i.$$

$$\therefore \quad (x, y) = (3, 11), (11, 3).$$

したがって，求める解は

$$(x,\ y) = (7,\ 9),\ (9,\ 7),\ (3,\ 11),\ (11,\ 3).$$

数表 1(原始根表)

p	$p-1$	原始根の数 $\varphi(p-1)$	原始根
3	2	1	2
5	4	2	2, 3
7	6	2	3, 5
11	10	4	2, 6, 7, 8
13	12	4	2, 6, 7, 11
17	16	8	3, 5, 6, 7, 10, 11, 12, 14
19	18	6	2, 3, 10, 13, 14, 15
23	22	10	5, 7, 10, 11, 14, 15, 17, 19, 20, 21
29	28	12	2, 3, 8, 10, 11, 14, 15, 18, 19, 21, 26, 27
31	30	8	3, 11, 12, 13, 17, 21, 22, 24

インターネットから引用（2023.2）

数表 2(指数表)

	3	5	7	11	13	17	19	23	29	31	37	41	43	47
1	0	0	0	0	0	0	0	0	0	0	0	0	0	0
2	1	1	2	1	1	10	17	8	11	12	11	26	39	30
3		3	1	8	4	11	5	20	27	13	34	15	17	18
4		2	4	2	2	4	16	16	22	24	22	22	36	14
5			5	4	9	7	2	15	18	20	1	22	5	17
6			3	9	5	5	4	6	10	25	9	1	14	2
7				7	11	9	12	21	20	4	28	39	7	38
8				3	3	14	15	2	5	6	33	38	33	44
9				6	8	6	10	18	26	26	32	30	34	36
10				5	10	1	1	1	1	2	12	8	2	1
11					7	13	6	3	23	29	6	3	6	27
12					6	15	3	14	21	7	20	27	11	32
13						12	13	12	2	23	13	31	40	3
14						3	11	7	3	16	3	25	4	22
15						2	7	13	17	3	35	37	22	35
16						8	14	10	16	18	8	24	30	28
17							8	17	7	1	5	33	16	42
18							9	4	9	8	7	16	31	20
19								5	15	22	25	9	29	29
20								9	12	14	23	34	41	31
21								19	19	17	26	14	24	10
22								11	6	11	17	29	3	11
23									24	21	21	36	20	39
24									4	19	31	13	8	16
25									8	10	2	4	10	34
26									13	5	24	17	37	33
27									25	9	30	5	9	8
28									14	28	14	11	1	6
29										27	15	7	25	43
30										15	10	23	19	19
31											27	28	32	5
32											19	10	27	12
33											4	18	23	45
34											16	19	13	26
35											29	21	12	9
36											18	2	28	4
37												32	35	24
38												35	26	13
39												6	15	21
40												20	38	15
41													18	25
42													21	40
43														37
44														41
45														7
46														23

参考文献 [1] から

参考文献

　本書の作成に当たり，主に下記の文献を参考にさせていただきました．記して感謝いたします．

[1]　高木貞治，『初等整数論講義　第 2 版』，共立出版．(1977)

[2]　芹沢正三，『数論入門』，講談社. (2008)

[3]　青木　昇，『素数と 2 次体の整数論』，共立出版. (2020)

[4]　北村泰一，『数論入門 (改訂版)』，槇書店. (1986)

[5]　稲葉栄次，『整数論』，共立出版. (1962)

[6]　青木和彦他編，『岩波数学入門辞典』，岩波書店.（2005）.

[7]　吉田稔・飯島忠編，『話題源数学上』，東京法令出版.（1991)

文献に関するコメント：

[1]　古典的名著として知られている本です．本書の内容のほとんどはこの本に網羅されています．本書を書くにあたり大いに参考にさせていただきました．一人で読み通すにはつらいのではないかと思われますので，ゼミ形式で読まれることをお勧めします．

[2]　読みやすい本で，数論を学ぶ際手元に置きたい本です．この本も大いに参考にさせていただきました．

[3]　手っ取り早く 2 次体の整数論を学びたい方にお薦めの一冊です．初等整数論の知識があればスムーズに読み進めることができるでしょう．

[4] と [5] は比較的読みやすい本ですが現在入手困難です．[5] は筆者が学生時代に「数論」の講義を受けた時のテキストだったこともあり，本書を書くにあたり [4] も含めて定理の証明などでかなり参考にさせていただきました．

[6]　非常に使いやすい数学辞典です．本書の術語の多くはこの本によります．

[7]　面白い話題が沢山あり拾い読みを楽しむことができます．

索引

MEMO

MEMO

MEMO

MEMO

MEMO

MEMO

● 著者略歴

仁平 政一 (にへい まさかず)

1943年茨城県生まれ.
千葉大学卒, 立教大学大学院理学研究科修士課程数学専攻修了.
現在：大人のための数学教室「和」講師 (前 茨城大学工学部・芝浦工業
大学工学部非常勤講師).
主な著書等：
• 『グラフ理論序説』(共著, プレアデス出版, 2005年)
• 『グラフ理論序説 改訂版』(共著, プレアデス出版, 2010年)
• 『もっと知りたい やさしい線形代数の応用』(現代数学社, 2013年)
• 『基礎からやさしく学ぶ 理工系・情報科学系のための線形代数』(現代
  数学社, 2014年)
• 『ラマヌジャングラフへの招待』(プレアデス出版, 2019年)
• Ars Combinatoria 等の専門誌や Mathematical Gazette 等の数学教育関
  係のジャーナルに論文多数.
• 日本数学教育学会より『算数・数学の研究ならびに推進の功績』で85周
  年記念表彰を受ける.
• 所属学会：日本数学会, 日本数学教育学会.
• 研究分野：グラフ理論, 数学教育.

合同式への招待

2023年11月6日　第1版第1刷発行

著　者	仁平　政一	
発行者	麻畑　　仁	

発行所　㈲プレアデス出版
〒399-8301　長野県安曇野市穂高有明7345-187
TEL 0263-31-5023　FAX 0263-31-5024
http://www.pleiades-publishing.co.jp

装　丁	松岡　　徹
本文組版	宮原　太陽
印刷所	亜細亜印刷株式会社
製本所	株式会社渋谷文泉閣